高职高专家具设计与制造专业系列教材

木工机械调试与操作

尹满新　主　编

朱志民　李伟栋　副主编

尹满新　朱志民　李伟栋　张　琦
杨　煜　夏兴华　王晓光　张　薇　许长琦　编　著

中国轻工业出版社

图书在版编目（CIP）数据

木工机械调试与操作/尹满新主编. —北京：中
国轻工业出版社，2024.2

全国高职高专家具设计与制造专业"十二五"规
划教材

ISBN 978-7-5019-9670-4

Ⅰ.①木… Ⅱ.①尹… Ⅲ.①木工机械 – 调试方法 –
高等职业教育 – 教材②木工机械 – 操作 – 高等职业教育 –
教材 Ⅳ.①TS64

中国版本图书馆 CIP 数据核字（2014）第 042764 号

责任编辑：陈　萍

策划编辑：林　媛　陈　萍　　　责任终审：滕炎福　　　封面设计：锋尚设计
版式设计：宋振全　　　　　　　责任校对：晋　洁　　　责任监印：张　可

出版发行：中国轻工业出版社（北京鲁谷东街 5 号，邮编：100040）

印　　刷：三河市万龙印装有限公司

经　　销：各地新华书店

版　　次：2024 年 2 月第 1 版第 4 次印刷

开　　本：787×1092　　1/16　　印张：12.75

字　　数：288 千字

书　　号：ISBN 978-7-5019-9670-4　定价：35.00 元

邮购电话：010-85119873

发行电话：010-85119832　010-85119912

网　　址：http://www.chlip.com.cn

Email：club@ chlip.com.cn

版权所有　侵权必究

如发现图书残缺请直接与我社邮购联系调换

240267J2C104ZBW

出 版 说 明

本系列教材根据国家"十二五"规划的要求,在秉承以就业为导向、技术为核心的职业教育定位的基础上,结合家具设计与制造专业的现状与需求,将理论知识与实践技术很好地相结合,以达到学以致用的目的。教材采用实训、理论相结合的编写模式,两者相辅相成。

该套教材由中国轻工业出版社组织,集合国内示范院校以及骨干院校的优秀教师参与编写。经过专题会议讨论,首次推出23本专业教材,弥补了目前市场上高职高专家具设计与制造专业教材的缺失。本系列教材分别有《家具涂料与实用涂装技术》《家具胶黏剂实用技术与应用》《木质家具生产技术》《木工机械调试与操作》《家具设计》《家具标准与标准化实务》《家具手绘设计表达》《家具质量控制与检测》《家具制图与实训》《AutoCAD2013家具制图技巧与实例》《家具标书制作》《家具营销基础》《实木家具设计》《家具工业工程理论与实务》《实木家具制造技术》《板式家具制造技术》《家具材料的选择与运用》《板式家具设计》《家具结构设计》《家具计算机效果图制作》《家具材料》《家具展示与软装实务》和《家具企业品牌形象设计》。

本系列教材具有以下特点:

1. 本系列教材从设计、制造、营销等方面着手,每个环节均有针对性,涵盖面广泛,是一套真正完备的套系教材。

2. 教材编写模式突破传统,将实训与理论同时放到讲堂,给了学生更多的动手机会,第一时间将所学理论与实践相结合,增强直观认识,达到活学活用的效果。

3. 参编老师来自国内示范院校和骨干院校,在家具设计与制造专业教学方面有丰富的经验,也具有代表性,所编教材具有示范性和普适性。

4. 教材内容增加了模型、图片和案例的使用,同时,为了适应多媒体教学的需要,尽可能配有教学视频、课件等电子资源,具有更强的可视性,使教材更加立体化、直观化。

这套教材是各位专家多年教学经验的结晶,编写模式、内容选择都得到了突破,有利于促进高职高专家具设计与制造专业的发展以及师资力量的培养,更可贵的是为学生提供了适合的优秀教材,有利于更好地培养现时代需要的高技能人才。由于教材编写工作是一项繁复的工作,要求较高,本教材的疏漏之处还请行业专家不吝赐教,以便进一步提高。

前　　言

近年来，我国木材工业飞速发展，伴随着行业的整体高速发展，以及国外先进设备的逐渐引进并投入企业的正式生产，造成了国内木材工业行业核心关键设备调试与操作人才紧缺的现状。另一方面，伴随着职业院校课程改革的全面推行与实施，原有的教材已经无法满足课程改革后的"教—学—做"一体化教学的需要。为满足各方面需要，根据专业教学标准的要求，特编写了此教材。

本书针对高职高专教学目标，结合学生能力、知识、素质目标要求，以任务为驱动，进行各个项目的实施，通过任务的完成，培养学生对木工机械设备的调试与操作能力。本书不仅可作为高职教育的专业教材，也可以作为木材工业相关企事业单位专业技术人员、操作人员的培训与学习书籍。

本书由尹满新（辽宁林业职业技术学院）主编，朱志民（辽宁林业职业技术学院）、李伟栋（辽宁林业职业技术学院）副主编。其中模块二由尹满新编写；模块三由朱志民编写；模块一、模块十由李伟栋编写；模块四由王晓光（辽宁林业职业技术学院）编写；模块七由杨煜（辽宁林业职业技术学院）编写；模块六由夏兴华（辽宁林业职业技术学院）编写；模块五由张薇（辽宁林业职业技术学院）编写；模块九由张琦（辽宁林业职业技术学院）编写，模块八由许长琦（黑龙江林业职业技术学院）编写。

本书由沈隽主审，对书稿进行了认真细致的审阅，并提出了极为宝贵的修改意见，对提高本书的编写质量给予了很大的帮助，在此谨致衷心的感谢！

本书在编写过程中得到了迈克－威力（烟台）机械有限公司、金田豪迈木业机械有限公司等单位的大力支持，责任编辑为本书的出版付出了辛勤的劳动，在此表示衷心的感谢！

由于时间紧迫以及个人能力所限，书中难免有不当之处，恳请广大同仁和读者批评指正。

编　者

2013 年 10 月

目 录

模块一 通用木工机床型谱编号识别

任务 通用木工机床型谱编号识别

一、学 习 目 标

（一）知识目标
1. 了解木工机床历史与发展趋势；
2. 了解木工机床特点；
3. 掌握木工机床型号编制方法。

（二）能力目标
能根据提供的木工机床型谱编号识别确定设备类型与主要技术参数。

二、相 关 知 识

（一）木工机床的历史
木工机床是指在木材加工工艺中，将木材加工的半成品加工成为木制品的一类机械设备。

木工机床加工的主要对象是木质材料。人类在长期的生产实践中积累了丰富的木材加工经验。木工机床正是通过人们长期生产实践，不断发现，不断探索，不断创造而发展起来的。

古代劳动人民在长期的生产劳动中创造和使用了各种木工工具。最早的木工工具是锯子。根据历史记载，中国商代和西周时期，最早制成了商周青铜刀锯，距今已有 3000 多年。国外历史记载中最古老的木工机床是公元前埃及人制造的弓形车床。1384 年，在欧洲出现的以水力、畜力、风力为动力驱动锯条做往复运动锯剖原木的原始排锯机，是木工机床的进一步发展。

18 世纪末，近代木工机械诞生在英国。18 世纪 60 年代，英国开始了"产业革命"，机械制造技术取得了显著进步，原来依靠手工作业的产业部门相继达到机械加工。木材加工也利用这一机会开始了机械化的进程。其中以被称为"木工机床之父"的英国造船工程师本瑟姆（S. Benthem）的发明最为卓著。从 1791 年开始，他相继完成了平刨床、铣床、镂铣机、圆锯机、钻床的发明。虽然当时这些机床的结构是以木材为主体，只有刀具和轴承是金属制造的，结构还很不完善，但与手工作业相比却显示出了极高的效率。

1799 年，布鲁奈尔（M. I. Bruner）发明了造船业专用木工机床，使得工效有了显著提高。1802 年，英国人布拉马（Bramah）发明了龙门刨床。它是将被加工的原料固定在工作台上，刨刀在工件上旋转，当工作台往复运动时，刨刀对木材工件进行刨削。

1808 年，英国人威廉·纽伯瑞（Welliums Newberry）发明了带锯机。但由于当时带锯条的制作与焊接技术水平较低，带锯并没有投入使用。直到 50 年后，法国人完善了带锯条的制造焊接技术，带锯机才获得普遍应用。

19 世纪初，美国经济大发展，大量欧洲移民移入美国，需要建造大量的住宅、车辆和船只等，加上美国具有丰富森林资源这个得天独厚的条件，木材加工工业兴起，木工机床得到很大发展。1828 年，伍德沃思（Woodworth）发明了单面压刨床，它的结构是回转的刨刀轴和进给辊筒相结合，进给辊筒不但进料而且可以起到压紧木料的作用，可以将木料加工成规定的厚度。压刨床还具有刨边、开槽的功能，工作效率很高。1860 年开始以铸铁替代木制床身。

1834 年，美国人乔治·佩奇（George Page）发明了脚踏榫槽机，费伊（J. A. Fag）发明了开榫机；1876 年，美国人格林里（Greenlee）发明了最早的方凿榫槽机；1877 年，美国的柏尔林工厂出现了最早的带式砂光机；1900 年，美国开始生产双联带锯机；1958 年，美国展出了数控机床，10 年后，英国、日本相继开发了木工数控镂铣机；1960 年，美国首先制成了制材削片联合机。

1979 年，德国蓝帜（Leits）公司制成了聚晶金刚石刀具，其寿命是硬质合金刀具的 125 倍，可以用于极硬的三聚氰胺贴面的刨花板、纤维板及胶合板的加工。随着电子技术和数控技术的发展，木工机床也在不断地采用新技术。1966 年，瑞典柯肯（Kockums）公司建立了世界上首座计算机控制的自动化制材厂。1982 年，英国瓦特金（Wadkin）公司发展了 CNC 镂铣机和 CNC 加工中心；意大利 SCM 公司发展了木工机床柔性加工系统。1994 年，意大利 SCM 公司、德国 HOMAG 公司相继推出了厨房家具柔性生产线和办公家具柔性生产线。

木工机床行业，经过不断的改进、提高、完善，现在已发展有 120 多个系列，300 多个品种，成为一个门类齐全的行业。国际上木工机械较为发达的国家和地区有：德国、意大利、美国、日本、法国、英国和我国的台湾省。

我国木工机床行业在 1950 年后得到了飞速发展。多年来，我国已从仿制、测绘发展到独立设计制造木工机械。并已形成了一个包括设计、制造和科研开发的产业体系。

（二）木工机械的发展趋势

1. 提高木材的综合利用率

由于世界范围内的森林资源日趋减少，高品质原材料的短缺已成为制约木材工业发展的主要原因。最大限度地提高木材的利用率，是木材工业的主要任务。发展各种人造板产品，提高其品质和应用范围是高效利用木材资源最有效的途径。另外，发展全树利用、减少加工损失、提高加工精度均可在一定程度上提高木材的利用率。

2. 提高生产效率和自动化程度

提高生产效率的途径有两个方面：一是缩短加工时间，二是缩短辅助时间。缩短加工时间，除了提高切削速度，加大进给量外，其主要的措施是工序集中。由于刀具、振动和噪声方面的原因，切削速度和进给量不可能无限制地提高，因此多刀通过式联合机床和多工序集中的加工中心就成了主要的发展方向，如：联合了锯、铣、钻、开榫、砂光等功能的双端铣床，多种加工工艺联合的封边机，集中了多种切削加工工序的数控加工中心等。缩短辅助工作时间主要是减少非加工时间，采用附带刀库的加工中心，或采用数控流水线与柔性加工单元间自动交换工作台的方式，把辅助工作时间缩短到最低。

3. 提高加工精度

目前普通机床的加工精度可达到 $1 \sim 5\mu m$，超精度数控加工机床的加工精度已经达到纳米级。由于木工机械加工对象自身的特点，决定了木工机床达不到金属切削机床的精度，但其加工精度正在逐年提高，如：国外砂光机的定厚精度可达 0.01mm，步进电机与滚珠丝杠配合的带锯侧向进给机构的进尺精度可达 0.025mm，数控铣床的加工精度可达 0.02mm。

4. 应用高新技术

随着科学技术的进步，一些新的加工方法将会在木材加工工业中得到广泛应用，如激光、超声波、电子束、等离子束、高压射流、磨料射流、电磁成型等非传统的加工方法。这些技术的应用会给传统的加工方法带来一次革命性的变革，将有力地促进木材加工工业向高精度、高速度、高质量、高效率方向发展。

5. 发展柔性化、集成化加工制造系统

为了适应家具工业产品生命期短，市场流行趋势变化快以及多品种、小批量生产的需要，国外在 20 世纪 80 年代中期就已开发生产出了家具柔性加工系统。1994 年的米兰和 1996 年的汉诺威国际木工机械博览会上，意大利 SCM 公司和德国 HOMAG 公司推出的厨房家具和办公家具柔性生产线，使家具的柔性生产系统进入了工业化大规模应用阶段。目前，国内木工机械制造业正步入到计算机数字控制和加工中心阶段，柔性加工单元、柔性制造系统、集成加工系统和智能集成加工系统尚在研究阶段。但计算机数控化、柔性化、智能化和集成化已成为机械制造业与自动控制技术发展的总趋势，也是 21 世纪木工机械的发展趋势。

6. 安全无公害加工生产系统

安全性差、噪声、粉尘是木材加工工业中的三大公害，虽经多年努力仍无法从根本上解决。随着人们生活水平的不断改善，环境保护的呼声越来越高，人们更加重视自身的生活质量。因此，木工机械的设计、制造和使用必须符合环保的要求，达到安全、低噪、无尘。所以，进一步解决三大公害仍将是今后木工机械不断努力的方向。

（三）木工机械的特点

木工机械与普通机床有相同点，也有很大的区别。由于木工机床的加工对象是木材，木材的不均匀性和各向异性，使木材在不同的方向上具有不同的性质和强度，切削时作用于木材纤维方向的夹角不同，木材的应力和破坏载荷也不同，促使木材切削过程发生许多复杂的物理化学变化，如弹性变形、弯曲、压缩、开裂以及起毛等。此外，由于木材的硬度不高，其机械强度极限较低，具有良好的分离性。木材的耐热能力较差，加工时不能超过其焦化温度（110～120℃）。所有这些，构成了木工机床独有的特性。

1. 高速度切削

木工机床的切削线速度一般为 40～70m/s，最高可达 120m/s。一般切削刀轴的转速为 3000～12000r/min，最高可达 20000r/min。这是因为高速切削使切屑来不及沿纤维方向劈裂就被切刀切掉，从而获得较高的几何精度和较低的表面粗糙度，同时保证木材的表面温度也不会超过木材的焦化温度。高速切削对机床的各方面提出了更高的要求，如主轴部件的强度和刚度要求较高，高速回转部件的静、动平衡要求较高，要用高速轴承，机床的抗振性能要好，以及刀具的结构和材料要适应高速切削等。

2. 有些零部件的制造精度相对较低

除一些高速旋转的零部件外，由于木制品的加工精度一般比金属制品的加工精度低，所以机床的工作台、导轨等的平行度、直线度以及主轴的径向圆跳动等要求要比金属切削机床低。但这只是相对而言，对于高速旋转的刀轴和微薄木旋切机的制造精度要求很高，并且随着木制品的加工精度和互换性要求的提高，木工机床的制造精度正在逐步提高。

3. 木工机床的噪声水平较高

受高速切削和被切削材料性能的影响，木工机床的噪声水平一般较高。其主要噪声来源：一是高速回转的刀轴扰动空气产生的空气动力性噪声；二是刀具切削非均质的木材工件产生的振动和摩擦噪声以及机床运转产生的机械性噪声。一般在木材加工的制材和家具车间产生的噪声可达 90dB（A）以上，裁板锯的噪声高达 110dB（A），严重地污染着环境，影响工人的身心健康，成为公害之一。工业噪声污染问题日益受到人们的重视。国际卫生组织规定，木工机床中的锯、铣类机床的空转噪声要低于 90dB（A），其他类机床的空转噪声水平不高于 85dB（A），否则，该产品为不合格产品，不准出厂。

4．木工机床一般不需要冷却装置，而需要排屑除尘装置

由于木材的硬度不高，在加工过程中，刀具与工件之间产生的摩擦热小，即使高速切削，也不致使刀具过热而产生变形或退火现象。另外，木制品零件的特点决定了其不能在加工过程中被污染，所以木工机床一般不需冷却装置。但其在加工过程中产生大量易燃的锯末、刨花，需要及时排除，所以一般木工机床都需要配有专用的排屑除尘装置。

5．木工机床多采用贯通式进给方式，工位方式少

由于木材工件重量轻，尺寸大，一次性加工多，所以为了减少机床结构尺寸和占地面积，木工机床一般多采用工件贯通式进给方式，如锯、铣、刨类机床等。

（四）木工机床型谱编号方法

1．木工机床型谱编号的意义

木工机床型谱编号的目的就是用几个简单的数字和符号将木工机床所属的系列、主要规格、技术性能和结构特征表示出来，以便于使用单位的选用、技术管理、技术交流和商务贸易等活动。

2．木工机床的分类

木工机床的分类方法很多，可以按不同的用途和不同的需要进行不同的划分：

（1）按照木工机床的加工工艺，包括加工方式、加工零件的类型、几何尺寸和加工精度等，可以分为精加工木工机床和粗加工木工机床。

（2）按照木工机床加工零件相对切削刀头的位置，可以分为通过式木工机床和工位式木工机床。

（3）按照木工机床的工艺适应性，可以将木工机床分为通用木工机床，如平刨床、压刨床等；专门化木工机床，如封边机、四面刨床等；专用木工机床，如装铰机、订钉机等。

（4）按照木工机床可同时加工工件的数量，可以将木工机床分为单轴或多轴木工机床、单线或多线木工机床、单头或多头木工机床以及多刀木工机床。

（5）按照木工机床自动化程度的高低，可以将机床分为手动操作、机械化、半自动化和自动化机床。手动操作木工机床中除了主切削运动外，其余的一切运动均由人工手动操作。机械化木工机床中执行机构的工作运动由机械驱动。半自动化木工机床工作循环中的工作运动和部分辅助运动由机械驱动。自动化木工机床工作循环中全部的工作运动和辅助运动都由机械驱动完成。

（6）按照机床的加工性质，即机床采用的切削方式或用途不同，国家标准将木工机床划分为 13 类，具体分类方法见表 1－1。

表 1－1　　　　　　　　　　　　　木工机床分类方法

类别	木工锯机	木工刨床	木工铣床	木工钻床	木工榫槽机	木工车床	木工磨光机	木工联合机	木工接合组装涂布机	木工辅机	木工手提机具	木工多工序机床	其他木工机床
代号	MJ	MB	MX	MZ	MS	MC	MM	ML	MH	MF	MT	MD	MQ
读音	木锯	木刨	木铣	木钻	木榫	木车	木磨	木联	木合	木辅	木提	木多	木其

3．通用木工机床型号的编制方法

按照 GB 12448—2010 规定的木工机床型号的编制方法，木工机床型号的表示如下：

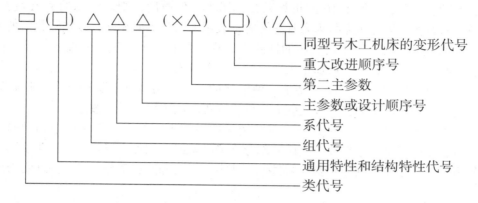

注：① 有"（　）"的代号，当无内容时，则不表示。若有内容，应不带"（　）"。

② 有"□"符号者，为大写的汉语拼音字母。

③ 有"△"符号者，为阿拉伯数字。

（1）组、系的划分　在木工机床 13 类以下划分组、系。同类木工机床中，其结构性能及使用范围基本相同的机床为一组；同组木工机床中，主参数名称相同，数值按一定要求排列；工件和刀具的相对运动特点基本相同，而且基本结构及布局形式相同的木工机床为一系。木工机床型号是木工机床的产品代号，由汉语拼音字母及阿拉伯数字组成，代表木工机床所属的系列、技术规格和性能以及结构特性。每类木工机床划分九个组，每个组划分十个系，组、系代号用两位阿拉伯数字表示。

（2）通用特性代号　当某种类型的木工机床，除了普通型外，还有表 1－2 列出的某种通用特性时，通用特性在类的代号后予以表示；若此类机床仅有某种通用特性，而无普通型时，通用特性不予表示。一般一个木工机床型号中只表示最主要的一个通用特性，少数特殊情况下，最多可以表示两个。通用特性代号在各类木工机床型号中的意义相同。

表 1－2　　　　　　　　　　　　　　　木工机床通用特性代号

通用特性	自动	半自动	数控	数显	仿型	万能	简式
代号	Z	B	K	X	F	W	J
读音	自	半	控	显	仿	万	简

（3）结构特性代号　为了区分主参数相同而结构不同的木工机床，在型号中加结构特性代号予以区别。结构特性代号用大写汉语拼音字母表示，但"I"、"O"两个字母不能作为结构特性代号。例如端面车床用"D"表示，左式带锯机用"Z"表示。

（4）主参数　木工机床型号中的主参数用折算值表示，位于组、系代号后。当折算值大于 1 时，取整数，前面不加 0。多数木工机床的主参数是用其最大加工能力的技术参数表示，折算系数为 1/100。

（5）设计顺序号　某些通用木工机床，当无法用一个主参数表示时，则在其型号中用设计顺序号表示。设计顺序号由 1 起始。当设计顺序号少于两位时，则一律在设计顺序号前加 0。

（6）第二主参数　当木工机床的最大工件长度、工作台长度、裁边长度等长度单位的变化将引起机床的结构、性能的重大变化时，为了区分，将其作为第二主参数列于主参数之后，用"×"分开，读作"乘"。凡属长度，包括行程、跨距，采用 1/100 的折算系数；凡属宽度、深度、齿距，采用 1/10 的折算系数；属于工件厚度，则以实际的数值列入型号。当以轴数或联数作为第二主参数列入其型号时，表示方法与上面相同，以实际数值列入。

（7）重大改进序号　当木工机床的性能及结构布局有重大改进，并按新产品进行试制和验收鉴定时，才可在原型号后加重大改进序号，按字母 A、B、C 的顺序选用，以区别于原型号。重大改进后的产品与原产品是一种取代的关系，两者不能长期并存。凡属局部改进、增减附件、增减测量装置及改变装夹工件方式等，均不属于重大改进。

（8）同型号木工机床的变形代号　某类用途的通用木工机床，需要根据不同的加工对象，在基本型号的基础上，仅改变机床的部分性能结构时，则加变形代号。这类变形代号可在原型号后加 1、2、3 等阿拉伯数字顺序号，并用"/"分开，读作"之"，以便与原型号区分。

三、任务实施

（一）工作任务

依据木工型谱编号原则进行以下设备识别：

MJ104；MJ3210；MBX106；MZ515；MD2116；MJ223A；MB504；MM529；MX5112；MXK5026。

（二）完成任务

1. 型号 MJ104 的含义是最大锯片直径为 400mm 的手动进给木工圆锯机。

2. 型号 MJ3210 的含义是锯轮直径为 1060mm 的跑车木工带锯机。

3. 型号 MBX106 的含义是最大加工宽度为 600mm 的带数显的单面木工压刨床。

4. 型号 MZ515 的含义是最大钻孔直径为 50mm 的立式单轴木工钻床。

5. 型号 MD2116 的含义是开榫榫头最大长度为 160mm 的单头手动直角框榫开榫机。

6. 型号 MJ223A 的含义是摇臂式万能木工圆锯机，最大锯片直径为 300mm，第一次改进设计。

7. 型号 MB504 的含义是最大加工宽度为 400mm 的木工平刨床。

8. 型号 MM529 的含义是最大加工宽度为 900mm 的双砂架的宽带砂光机。

9. 型号 MX5112 的含义是加工工件最大厚度为 120mm 的立式下轴木工铣床。

10. 型号 MXK5026 的含义是工作台最大长度为 2600mm 的数控木工镂铣机。

四、作业与思考

1. 木工机床有哪些加工特点？

2. 国家标准将木工机床划分为哪 13 类？

3. 说出下列木工机械型号的含义：MJ104、MJ3210、MM529、MB504、MXK5026。

模块二　锯切加工设备

任务 1　木工横截圆锯机的调试与操作

一、学 习 目 标

（一）知识目标

1. 掌握木工横截圆锯机的分类和结构组成；
2. 掌握木工横截圆锯机安全操作规程。

（二）能力目标

1. 具有调试和操作木工横截圆锯机的能力；
2. 具有正确处理木工横截圆锯机锯切加工中产生的质量问题的能力。

二、任 务 描 述

根据工厂生产调度令，要求下料工段使用 55mm × 55mm 干燥方料截制方桌腿毛坯料，详见图 2 - 1。

三、相 关 知 识

（一）木工横截圆锯机的特点与分类

1. 木工横截圆锯机的特点

木工横截圆锯机是以圆锯片为刀具，可完成板方材横截加工的木工机床。其结构较简单，效率较高，类型众多，应用广泛，是木材加工企业中最基本的设备之一。

2. 木工横截圆锯机的分类

按锯片的运行轨迹，木工横截圆锯机分为：

（1）圆弧进给木工横截圆锯机；

（2）直线进给木工横截圆锯机；

（3）摇臂式万能木工横截圆锯机。

（二）木工横截圆锯机的结构

1. 刀架圆弧进给的横截圆锯机

图 2 - 2 所示为吊截锯，其摆动支点与锯片位于工作台之上。国产 MJ256 吊截锯即属此类型。摆动框架上端与机架铰接于铰销 2，下端装有电机及锯片。电机轴（锯轴）3 上装有锯片 4，工作台 5 上毛料 6 紧靠导尺 7。配重 8 使框架处于原始位置（偏角 $\alpha_0 = 10°$），手工拉动拉手 9 使锯片对毛料圆弧进给，实现横向截断。拉手动作也可由脚踏代替，如图

工艺卡片

零件名称	方桌腿料	工序内容	横截
使用设备	横截圆锯	使用刀具	圆锯片

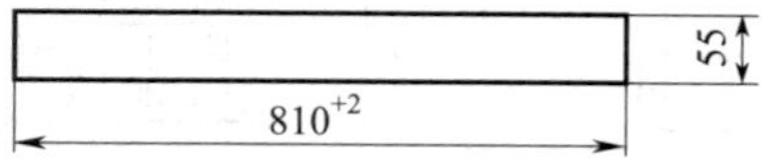

810⁺²　55

810^{+2}　55

技术要求：

1. 零件断面为55mm×55mm方料（干燥毛料）。
2. 要求截面与长度方向垂直。
3. 材质要求按方桌腿料标准。

图 2 - 1　方桌腿料工艺卡片

2-2（b）所示。该型式称为脚踏平衡锯，国产 MJ217 型截锯即属此类。目前不少单位已改用液压传动的方式来替代原来的手工操作。

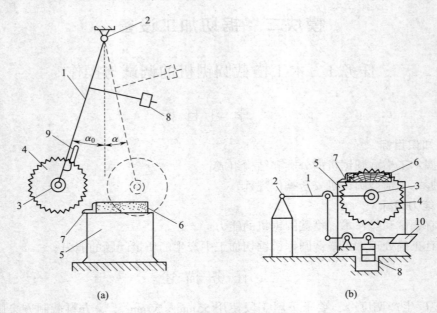

(a)　　　　　　　　　　　(b)

图 2-2　吊截锯和脚踏平衡锯

（a）吊截锯　（b）脚踏平衡锯

1—框架　2—铰销　3—锯轴　4—锯片　5—工作台　6—毛料　7—导尺　8—配重　9—拉手　10—踏板

2. 刀架直线进给的横截圆锯机

图 2-3（a）所示为手动形式，锯片安于工作台之上。刀架（滑枕）的前端是装有锯片 3 的电机 4，手工操纵拉手 5 就可以使刀架在空心支架 14 中往返移动横截工件 6。立柱 13

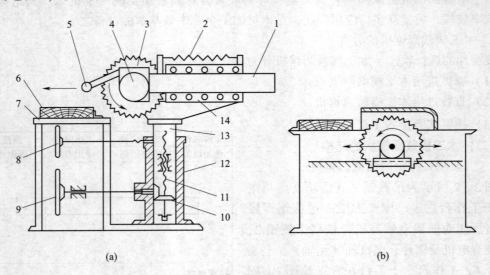

(a)　　　　　　　　　　　(b)

图 2-3　刀架作直线运动进给的横截圆锯机

（a）锯片上置　（b）锯片下置

1—刀架　2—弹簧　3—锯片　4—电机　5—拉手　6—工件　7—工作台

8、9—手轮　10—锥齿轮　11—丝杠　12—机座　13—立柱　14—空心支架

装于机座 12，通过手轮 9、锥齿轮 10、丝杠 11 实现升降，以适应锯片直径和毛料高度变化的需要。立柱调整后，由手轮 8 锁紧。弹簧 2 可使刀架复位。锯片也可置于工作台之下，如图 2-3（b）所示。图 2-4 所示为液压进给方式。液压系统中溢流阀 1 起调压与安全作用，换向阀 2 控制油缸 3 的进回油方向，使活塞杆 4 驱动刀架 6 实现锯片 7 的往复运动。换向阀可用踏板 8 由人工操纵或由挡块 5 进行自动操纵。

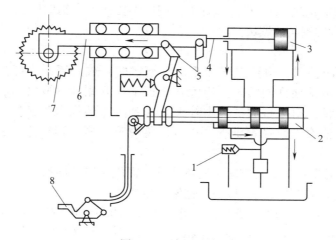

图 2-4　液压进给

1—溢流阀　2—换向阀　3—油缸　4—活塞杆　5—挡块　6—刀架　7—锯片　8—踏板

3. 摇臂式万能木工横截圆锯机

摇臂式万能木工横截圆锯机用途广泛，既可安装圆锯片用于纵锯、横截或斜截各种板方材，又可安装其他木工刀具完成铣槽、切榫和钻孔等多项作业。

图 2-5 所示为这类机床的示意图。立柱 3 装于固定在床身 1 上的套筒 2 内，由手轮 4

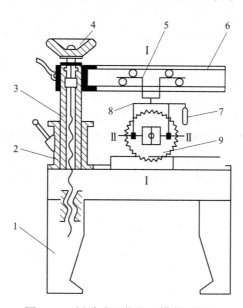

图 2-5　摇臂式万能木工横截圆锯机

1—床身　2—套筒　3—立柱　4—手轮　5—复式刀架　6—摇臂横梁　7—手柄　8—托架　9—锯片

通过螺杠调节其升降。摇臂横梁 6 安装于立柱上部，可绕立柱在水平面内按需要调整为与工作台导板成 30°、45° 或 90° 角（有的机床可在 360° 范围内任意调节）。特殊的复式刀架 5 上的托架 8 可绕轴线 Ⅰ－Ⅰ 相对于摇臂作 0°、45° 和 90°（有的机床可转任意角度）的调整。吊装在托架上的专用电机轴上的锯片 9 还可绕轴线 Ⅱ－Ⅱ 相对于水平面作 0°、45° 和 90° 的角度调整。这些调整运动完成后均可由相应手柄锁紧。刀架由人工操纵手柄 7，带锯片一起沿摇臂横梁内的导轨移动，对工件进行加工。国产 MJ224 型圆锯即属此类。

（三）木工横截圆锯机的调试

1. 锯片的拆装

打开锯片安全防护罩，用锁定杆（锯机有锁定杆）或采用硬木棒把锯片齿卡住（锯机没有锁定杆）的办法使锯轴锁定，用大开口扳手松开锯片紧固螺母，然后依次取下外夹盘、锯片和内夹盘，用抹布擦拭掉内外夹盘和锯轴上的锯末等杂物，然后将内外夹盘和磨好的锋利锯片依次安装在锯轴上，用扳手将螺母拧紧，锁定锯片，最后安装上锯片安全防护罩。

安装时，应注意锯片的安装方向，避免装反，锯齿尖应朝向操作者方向。拆装锯片时，不可采用锤子砸紧固螺母的办法，以免使锯轴产生变形。

如果现有锯片孔径比锯轴直径大，则可采用在锯轴上加垫圈（垫圈厚度与锯片相同，外径与锯片孔直径相同，内径与锯轴直径相同），保证锯片与锯轴的同心度。

2. 锯片的升降

具有工作台升降装置的锯机，可根据被加工木材厚度的不同，调整升降轮使锯片得到升降。调整时，应先松开紧固螺钉，旋转升降轮调整工作台高度，然后锁紧紧固螺钉。

（四）木工横截圆锯机的安全操作规程

（1）操作者应看木材材质情况灵活掌握进给速度，遇节、硬木进料速度要慢，反之可快些。过快会增加电机负荷，甚至卡住锯片。

（2）木工横截圆锯机工作或锯片回转时，禁止用手清理台面上的树皮、木块等杂物，以免出现事故。如果不清除会影响锯解工作，解决方法是停锯清理或用长的木棍将其拨出。

（3）开锯时，待锯机达到正常转速才能进料。

（4）操作吊截木工横截圆锯机时，操作者站在右侧，用左手拉锯，这样即可防止锯片破碎和木块飞出伤人。拉锯不要过猛，要轻送放锯，防止锯架摆动，以便取放工件。

（5）操作者应注意观察锯片在工作中是否有异常情况和声音，如电动机发热、冒烟或有破碎声时，应立即停车检查。待检查完毕排除故障后，才可重新开锯。

（6）操作锯解时，精神要集中，切勿四处张望、闲谈，以免发生事故。

（7）工作结束后，要关闭电源，待锯停止后方可离开。

四、任 务 实 施

根据工厂设备情况，横截加工任务使用刀架作直线运动进给的木工横截圆锯机（锯片下置）完成。

1. 锯片调整

依据被加工零件的厚度确定锯片升出工作台面的高度，一般锯片伸出比木料的高度高 5～10mm。

2．导尺的调整

调整导尺上定位块的位置，依据零件长度要求将导尺上定位块的指针调整到 810mm，调整好后锁紧定位块。进行检验性试加工，如被加工零部件的尺寸符合要求，即调整结束；如误差超出允许范围，需进行相对调整，直到符合工艺要求为准。

3．产品加工

检查设备是否安全，如无安全问题，开机依据工艺卡片进行批量加工。定期进行加工产品尺寸规格检验，保证加工质量。

4．收尾

全部加工完后关闭设备电源，清理现场卫生。

五、知 识 拓 展

木工横截圆锯机锯解出现的缺陷及处理方法见表 2－1。

表 2－1　　　　　　　　　　　横向锯解常见缺陷及处理方法

缺陷名称	产生原因	处理方法
横截断面锯路倾斜	锯片与工作台面不垂直，导板平面与锯面不平（即与工作台面不垂直）	检查锯轴并调整与工作台面平行度，调整导板
端面沿板宽倾斜	导板沿长度方向不平行锯面	调整导板
端部撕裂	锯钝，刃磨不锋利，弯曲	校正锯齿，修磨锯片

六、作 业 与 思 考

1．简述木工横截圆锯机的构成。

2．简述木工横截圆锯机调试和操作。

3．简述木工横截圆锯机加工中常见质量问题的原因及处理方法。

任务 2　纵剖单片圆锯机的调试与操作

一、学 习 目 标

（一）知识目标

1．掌握纵剖单片圆锯机安全操作规程；

2．掌握纵剖单片圆锯机分类及特点。

（二）能力目标

1．能进行纵剖单片圆锯机调试；

2．能进行纵剖单片圆锯机生产操作。

二、任 务 描 述

某家具厂机加工组要使用纵剖单片圆锯机将规格为 560mm×69mm×34mm 的干燥毛料纵剖齐边加工，成品宽度不低于 63mm 的条料，要求被加工表面平直、全部被锯切，不允许未着锯现象。

<h1>三、相 关 知 识</h1>

纵剖单片圆锯机主要用于对木材进行纵向锯剖，将木材在宽度方向上剖分成两个部分，将其间部分转化成锯木屑。

（一）设备分类

纵剖单片圆锯机分类如图 2－6 所示。

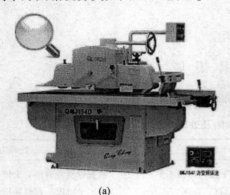 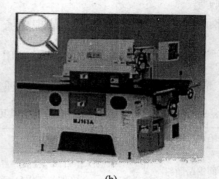

(a)　　　　　　　　　　　　　　　　(b)

图 2－6　纵剖单片圆锯机

（a）上锯轴辊筒进给轻型纵剖单片锯　（b）下锯轴履带进给重型纵剖单片锯

（1）按照设备的进给方式可以分为：手动进给、机械进给。

（2）机械进给纵剖单片圆锯机可以分为：履带进给、辊筒进给。

（3）按照锯片相对位置可以分为：上锯轴式、下锯轴式。

（4）按照设备的加工能力可分为：轻型、重型。

（二）设备结构

纵剖单片圆锯机主要由工作台、圆锯片、电动机、导尺（靠尺）、工作台调节装置、排屑罩等组成。履带进给式结构见图 2－7，辊筒进给式结构见图 2－8。

（三）设备调整

1. 纵剖单片圆锯机刀具的安装

以上锯轴履带进给纵剖单片锯（MJ153B，四川青城木工机械有限公司）为例：

装卸锯片时，放松锯轴定位，转动锯轴升降轮升降锯轴，将锯片升起，要使锯片齿距离履带 3～5mm，以免取锯片时损坏锯齿，打开安全罩，取用专用工具将锯片锁紧装置打开，卸掉锁紧螺母和夹持法兰盘，取下锯片。将刃磨好的锯片依据旋转方向指示安装到锯轴上，装上夹持法兰盘，拧紧锁紧螺母，关闭安全罩，试运行。

2. 锯片高度调整

依据被加工零部件的厚度确定圆锯片高度的调整，即锯片锯齿切削母线应露出被加工零部件 4～6mm。

3. 压紧轮高低调整

压紧轮是为防止木料跳动而设，一般要求压紧轮指示针的高度要比工件厚度低 2～4mm，松开压紧轮锁紧装置，操作升降轮、待压轮高度达到要求后将锁紧装置锁紧。

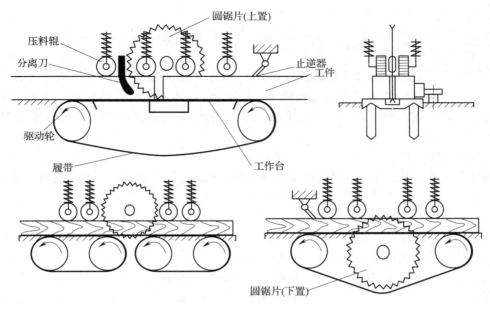

图 2 - 7　履带进给式结构

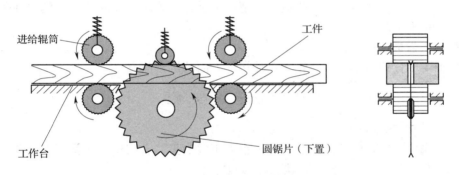

图 2 - 8　辊筒进给式结构

4. 导尺调整

导尺安装在机台上起到为加工木料宽度定位和导向作用。导尺可以左右水平移动，调整时，打开导尺的锁紧装置，使导尺可以移动，然后根据木料宽度将导尺的左边线对准刻度线上的相应刻度，最后将锁紧装置锁紧。注意导尺与锯片保证绝对平行，以免影响工件质量及损坏锯片。部分单片锯配备了激光指示器装置，在对板料进行不确定宽度的加工时，利用激光指示器做单片锯的辅助加工手段，可以大大提高木材的利用率，提升工作效率。所谓激光指示器，就是激光红色指示光线与锯片处于同一平面内，指示光线在木材上所形成的红色光线即为即将被锯片锯切的位置。在进行板料修边时，以机台上红色激光线对准板料边部最大可利用面的最边线，可快速测出板料最大可能锯出的齐边板宽度，以此作为调整导尺的定位刻度，然后按正常操作进料，去掉板边不需要部分，去除板料缺陷时，以机台上的激光线对准板料表面的缺陷，然后将导尺靠紧板料的定位边，将板料缺陷剔除掉。

5. 锯片与履带的平行度调整

若锯片平面与履带不平行，则割切纹路为单面纹路，需对主轴座侧面的 3 个螺帽进行调整,最终以交叉纹路为准。

6. 锯片与履带的垂直度调整

若锯片与履带垂直度不准,可通过主轴座下方的螺帽进行调整。

7. 进料速度的调整

将锯机开启后,可通过速度调整旋钮进行调速(部分设备没有安装调速装置,需调整皮带塔轮来完成传动比调整,达到调速的目的)。具体进料速度选择可视木料材种、厚度等而定,薄、软木料用快速,反之用慢速,发现设备超负荷时要及时降速或更换锋利锯片。

8. 进料高度调整

进料高度是根据要加工木料的厚度来调整的,机台主轴上的手柄顺时针旋转为调高,反之为调低。

(四) 安全操作规程

(1) 不得穿高跟鞋与拖鞋上机操作。

(2) 开锯前必须检查并确保锯片安装牢固。

(3) 上下两面长度不等的工件上机时,以短面朝上放置。

(4) 200mm 以下长度木料禁止进料,木料短于 500mm 时禁止戴手套进料。进料时,严禁将手伸入设备内部。

(5) 调整进料速度时要在履带运转的情况下进行,除此之外的其他调整要在关断电源,在设备停稳的情况下进行。

(6) 禁止强推工件进料。

(7) 加工中任何人不得站在正对锯片切削方向的机台前方。

四、任 务 实 施

(一) 开机前的准备

(1) 首先检查锯片的状态,若锯片齿型不正或崩齿、有裂纹、适张度不合要求等缺陷,则不准启动机器作业,必须换技术状态好的圆锯片。

(2) 调整导尺,松开锁紧螺母,调整导尺使其指针指示为 2mm,紧固锁紧螺母。

(3) 依据锯切木料厚度调整锯片高度,露出木材约 4~6mm。

(4) 依据锯切木料厚度调整上进给辊筒的高度,低于木料 2~4mm。

(二) 开机加工

(1) 开机前,必须对其他结构进行全面检查和调整,相关各部件锁紧装置应全部锁紧,锯片安装正确无误后,方能开机作业。

(2) 启动开机按钮,检查进给履带、进给辊筒、切削锯片无任何问题,设备无非正常噪声后,送入第一块木料进行试验加工,对加工好的木料进行检验,合格后方可进行大批量加工。

(三) 加工具体操作

(1) 将板料的定位边靠紧导尺,左手紧握板料的左边部,右手紧握板料的后端,用微力将板料往前推进到进料口。

(2) 上锯工不准将手伸入锯台,锯短料必须用木棒推,并避开锯口的正面,下锯工不准超过保险刀。

（3）进锯速度要适当，遇有迎风背、伐木节料时要缓慢进锯。

（4）锯台上有碎木片时必须用木棒清除，清理锯末或检修机械必须停锯进行。

（四）加工结束

（1）加工结束后开启停止按钮，停锯时，只能让锯片自由转动停下，不许用任何阻挡的方法。

（2）待设备完全停止后，把机器中加工木料取出，清理机器。

（3）关闭除尘、气源按钮和电源。

（4）清理工作现场及打扫卫生。

五、知 识 拓 展

1．夹锯、烧锯片

由于木材锯切过程中产生应力释放，造成木料变形，木料夹住锯身而产生"夹锯"，严重的由于锯身与木料长时间摩擦生热会造成"烧锯"（所谓烧锯是锯身由于过热产生严重变形的现象），必须停机在保险刀后面加楔处理，更换锯片。

2．加工面产生严重锯痕

由于锯片刃磨质量不高或锯片锋利度不够所造成，此时需更换锯片。

3．毛料加工过程中出现跑偏现象（大小头料）

锯片与履带不平行、导尺与锯片不平行、进给辊筒跑偏等因素均会造成这样的问题，需逐项进行检查后进行相应调整。

六、作业与思考

1．如锯切锯片锯路为 4.0mm，导尺指针显示 4mm，70mm 宽木料加工后的宽度应为多少？

2．如木料规格为 1000mm×80mm×14mm，锯路损耗为 4.0mm，是否可以将木料剖分为 1000mm×80mm×5mm？

3．加工过程中是否可以将设备的止逆器拆卸下来后开启设备进行加工？

4．长度为 120mm 的木料是否可以进行剖分加工？

任务3　单轴多锯片圆锯机的调试与操作

一、学 习 目 标

（一）知识目标

1．掌握单轴多锯片圆锯机的结构和各主要结构的作用。

2．掌握单轴多锯片圆锯机的安全操作规程。

（二）能力目标

1．具有正确调试和操作单轴多锯片圆锯机的能力。

2．具有正确处理单轴多锯片圆锯机锯切加工中产生的质量问题的能力。

二、任 务 描 述

某工厂现有长度为 420mm，厚度为 33mm 的不定宽板材，要将其加工成工艺卡片上所要求的规格尺寸，工艺卡片如图 2 - 9 所示。

三、相 关 知 识

单轴多锯片圆锯机如图 2 - 10 所示。

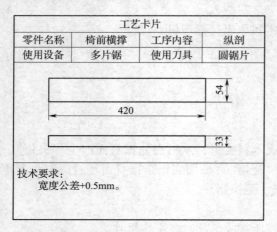

工艺卡片		
零件名称	椅前横撑	工序内容 纵剖
使用设备	多片锯	使用刀具 圆锯片

技术要求：
　宽度公差+0.5mm。

图 2 - 9　单轴多锯片纵剖工序工艺卡片

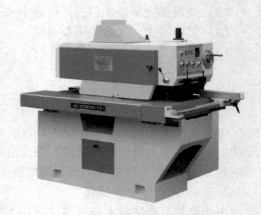

图 2 - 10　单轴多锯片圆锯机

（一）单轴多锯片圆锯机的特点

单轴多锯片圆锯机具有两个以上的圆锯片，用于纵剖干燥的板、方材和人造板，加工精度较高，加工表面可以达到铣削的质量。具有效率较高、应用广泛的特点，是木材加工中最基本的设备之一。

（二）单轴多锯片圆锯机的结构

1. 履带进给多锯片圆锯机结构示意图（见图 2 - 11）

床身 1 采用铸造或钢板焊接结构，床身上安装有工作台 2，工作台上安装有进给履带 3。被锯工件在履带的牵引下沿工作台和导板 17 向锯片作进给运动，由进给电动机经传动带分离锥轮无级变速器变速，齿轮减速后驱动链轮转动，带动履带运动实现进给。进给履带的速度由手轮 21 调节，其变速范围为 6 ~ 48m/min。圆锯片 8 由主电动机经传动带带动旋转，实现主运动。前、后压紧板 5、10 和前、后压紧辊筒 4、11 压紧工件，防止锯切时工件跳动。手轮 14 用于

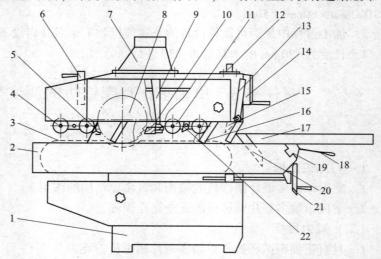

图 2 - 11　多锯片圆锯机外观图

1—床身　2—工作台　3—进给履带　4、11—压紧辊筒　5、10—压紧板　6、14、21—手轮　7—吸尘罩　8—圆锯片　9—挡屑板　12—套筒座　13—手柄　15、20、22—止逆器　16—防护板　17—导板　18—锁紧手柄　19—导板滑块

调节压紧装置的压紧力，以使压紧装置对被锯件有适宜的压紧力。止逆器 15、20、22 用于防止锯切时被工件反弹，止逆器可用手柄 13 抬起，以便退出未加工完的工件。吸尘罩 7、挡屑板 9 用于锯屑的排除。导板 17 固定于导板滑块 19 上，松开锁紧手柄 18，使导板可在宽度方向调节。套筒座 12 用于锯片与套筒间的装卸，手轮 6 用于锯轴升降，以便更换锯片或退出未加工完的工件。

锯切时，被加工工件紧靠导板置于履带上，在压紧装置的压紧下，履带带动工件向前送进，高速旋转的锯片组对被加工工件进行剖分，以获得要求的产品。

在木材加工企业中，除履带进给多锯片圆锯机外，还大量使用辊筒进给的多锯片圆锯机纵向锯解板材、毛边板材及等规格配料。这类圆锯机的切削机构与上述圆锯机切削机构相似，由主电动机经传动带驱动旋转，但一般安装在工作台下面；进料装置靠上下对置的辊筒组产生的摩擦力和咬合力带动工件运行从而实现进料。

2. 多锯片圆锯机机床传动系统图（见图 2 - 12）

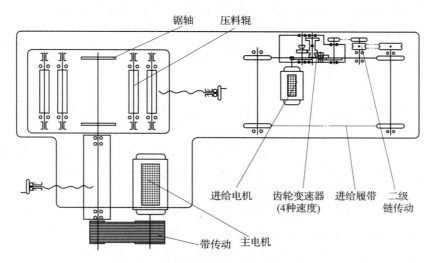

图 2 - 12　多锯片圆锯机机床传动系统图

（1）由主电机通过皮带传动带动锯轴旋转。

（2）由进给电机通过齿轮变速箱变速，再通过链传动带动进给履带旋转，从而实现物料进给。

（三）单轴多锯片圆锯机的调试

1. 锯片安装

锯片的安装如图 2 - 13 所示。这种锯的结构采取轴套安装方式，安装时，根据纵剖木料的宽度选配好锯片的间隔套 4，然后按锯片、间隔套的顺序将一组锋利锯片顺次安装到轴套上，最后再套上一定厚度的间隔套，直到间隔套到轴套上的螺纹处，再用勾头扳手紧固圆螺母 2，使其圆锯片紧固在轴套上。然后，将装有圆锯片的轴套一起套在锯轴上，紧固六角螺母 1，轴套固定在锯轴上。

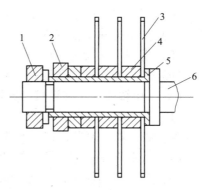

图 2 - 13　锯片安装图
1—紧固螺母　2—锁紧螺母　3—锯片
4—间隔套　5—轴套　6—主轴

锯间垫圈（间隔套）：由于锯片为单轴多锯片，每两片之间都要用垫圈隔开，垫圈的厚度要由剖片零件的宽度、锯片厚度与锯齿厚度差来决定，其计算公式为：垫圈厚度＝零件厚度＋（锯路宽度－锯片厚度）。

用特制专用拆卸扳手卸掉旧锯片，用油布擦净锯轴上的污物，换上磨好的锋利锯片。上锯片时，按照锯片、垫圈、锯片……的顺序依次安装锯片与垫圈。一般来说，最外边和最里边的两个锯片的厚度略厚，主要起到齐边的作用，相当于锯切一个基准面。一般而言，边锯的厚度均在 4.0mm 以上，中间的剖分锯片厚度与被剖分材料的材质、厚度、进给速度均关系较大，一般锯片的安装厚度在 1.2～3.2mm。轻型多片锯的锯轴不带有键槽，而重型多片锯的锯轴一般配有键槽，以防止在锯切过程中由于木材剖分后应力释放造成变形夹锯现象所导致锯片被夹停，使锯片内径孔与主轴产生摩擦，破坏锯轴。

2. 压紧装置的高度调整

根据零件的厚度通过升降手轮调整压紧装置的高度，一般调整指示尺寸比木料厚度小 3～5mm，以保证木料的压紧程度。通过摇杆下调压紧装置，固定止动装置。

3. 止逆器检查

检查止逆器是否垂下，若有锁住的情况可用手将其复位。依据设备的类型不同，一般多片圆锯机具有 1～3 道止逆器。

4. 导尺调整

根据加工件的宽度松动螺栓，转动手轮，对比刻度调整导尺，然后锁紧螺栓。

5. 送料速度调整

启动进给履带开关，根据木材软硬程度、厚度和剖分锯片数量，通过变速手轮调整送料速度，注意送料速度应逐渐调整，不宜调的过猛、过快。

（四）单轴多锯片圆锯机的操作规程

（1）开机前，应检查并确保锯片安装牢固可靠再启动。

（2）不得穿高跟鞋与拖鞋上机操作。

（3）启动时，应先启动锯片主轴达到正常转速后再启动进给装置。

（4）设备运转时工作人员应站在机身侧面。

（5）木料短于 500mm 时禁止戴手套送料。

（6）工作时，严禁打开止逆装置。

（7）严禁拆除安全装置。

（8）发现异常情况立即停车检查处理。

（9）禁止操作人员在设备未停稳的情况下离开机台。

（五）单轴多锯片圆锯机的日常维护与保养

（1）操作者应该保持工作环境的整洁，及时清理。刀具、夹具等要摆放有序，不要放在设备上面，以免掉到正在运转的设备中。

（2）控制单轴多锯片圆锯机的操作负荷，保证锯机在规定的负荷下工作。

（3）在锯机运转中，一定要认真观察圆锯机的工作状况，发现运转声音异常及轴承过热的现象及时停机检查。

（4）单轴多锯片圆锯机的安全装置要保持完好，不要随便取下。

（5）及时检查锯机的运转情况，定期给轴承加润滑油。

（6）工作结束后，切断电源，清洁周围的环境。

四、任 务 实 施

任务描述：某工厂现有长度为420mm，厚度为33mm的不定宽板材，要将其加工成工艺卡片（前文中图2-9所示）上所要求的规格尺寸。本次任务实施采用履带进给单轴多锯片圆锯机来完成。

（一）设备调整

1. 锯片安装

按前文图2-13所示的锯片安装方法进行锯片的安装。其中，锯间垫圈尺寸计算公式：

垫圈厚度 = 零件厚度 + （锯路宽度 - 锯片厚度）

现在需要加工的剖片零件宽度为54mm，锯路宽度为3.0mm，锯片的厚度为2.6mm，齐边锯锯路宽度为5.0mm，锯片的厚度为4.4mm。所以，中间垫圈厚度 = 54 + （3.0 - 2.6） = 54.4（mm）。两侧垫圈厚度 = 54 + （3.0 - 2.6） /2 + （5.0 - 4.4） /2 = 54.5（mm）。

依据实际测量板材最大宽度为348mm，最小宽度为63mm，经计算最宽板材可出6块规格料，最窄板材可出1块规格料，最终确定锯片装夹规格、数量、方式如下：

5.0mm + 3.0mm + 3.0mm + 3.0mm + 3.0mm + 3.0mm + 5.0mm，

所需垫圈为54.5mm + 54.4mm + 54.4mm + 54.4mm + 54.4mm + 54.5mm。

依据计算结果安装锯片及垫圈，最后锁紧紧固螺母。依据被剖分木料的厚度33mm，调整锯片伸出进给履带高度为36~38mm。

2. 压紧装置的高度调整

根据零件的厚度通过升降手轮调整压紧装置的高度，一般调整指示尺寸比木料厚度小3~5mm，以保证木料的压紧程度，固定止动装置。

3. 检查止逆器

4. 导尺调整

5. 送料速度（调整为10~20m/min）

（二）单轴多锯片圆锯机的操作

1. 进料

将工件靠紧导尺向前进料。

2. 检验

第一块料加工后要进行宽度检验，合格后再进行批量生产。

五、知 识 拓 展

单轴多锯片圆锯机锯解时出现的缺陷及处理方法如表2-2所示。

表2-2　　　　　　　　单轴多锯片圆锯机锯解出现的缺陷及处理方法

缺陷名称	产生原因	处理方法
锯路不平行	导板安装不正确	调整导板、固定侧面螺丝
锯路处波纹状	锯片摆动，适张度不正确	重新修理锯片
锯路起毛，锯切质量差	锯片已经磨损	更换新锯片
进料困难	锯片的拨料量不足	修理锯片、更换新锯片

六、作 业 与 思 考

1. 单轴多锯片圆锯机的特点是什么？

2. 简述单轴多锯片圆锯机的结构。

3. 简述单轴多锯片圆锯机调试和操作。

4. 简述单轴多锯片圆锯机加工中常见质量问题的原因及处理方法。

任务 4　细木工带锯机的调试与操作

一、学 习 目 标

（一）知识目标

1. 了解细木工带锯机的特点；

2. 掌握细木工带锯机的结构。

（二）能力目标

1. 能进行细木工带锯机的调试与操作；

2. 能处理细木工带锯机加工中常见的质量问题。

二、任 务 描 述

沈阳宏天木业有限公司接到生产订单，生产一批玻璃门，现备料车间接到生产任务，加工玻璃门上槛毛坯料，该毛坯料有一个圆弧造型，具体规格尺寸、要求详见图 2 – 14。

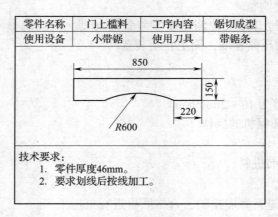

零件名称	门上槛料	工序内容	锯切成型
使用设备	小带锯	使用刀具	带锯条

技术要求：
1. 零件厚度46mm。
2. 要求划线后按线加工。

图 2 – 14　工艺卡片

三、相 关 知 识

（一）细木工带锯机的特点与结构

1. 细木工带锯机特点

细木工带锯机（见图 2 – 15）是一种轻型带锯机，工作原理与制材用带锯基本相同。细木工带锯机主要由机座（机身）、上下锯轮、工作台面、调整手轮、导板（锯比子、靠尺）、制动装置、电动机等部件组成。机床的所有传动部分采用密封结构，以保证操作安全。机座、上下锯轮、工作台面等均用铸铁制成。直径相同的两个锯轮分别装在机身的上方和下方，上锯轮能够上下调动，以便装卸锯条和调节锯条的张紧度。下锯轮为主动轮，通过皮带轮传动。为了减少锯条与锯轮的磨损及杂音，锯轮轮缘上缠绕一层皮带。工作台面直接装在机身上，中间有一条缝隙，作为锯条的通路。为了防止锯割时锯条左右摆动，在台面的下面及上面各装一个锯卡，下锯卡直接装在工作台下面，上锯卡装在机身上，可以上下移动。在上锯卡后面有一滑轮，当锯条向后跑时，它起限制作用，不致使锯条掉落，见图 2 – 16。细木工带锯机主要用于锯切板、方材的直线、曲线及小于 30 ~ 40°的斜面，广泛应用于细木工配料及木模等车间。这类锯机结构较简单，大部分采用手工进料方式。对于大批量生产则可采用自动进料器或改装为机械进料。

图 2 – 15　细木工带锯机

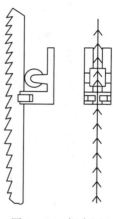

图 2 – 16　锯卡图

2．细木工带锯机结构

图 2 – 17 所示为国产 MJ344 型细木工带锯机的外观图。在结构上与其他带锯机明显不同的是上锯轮的张紧，一般采用弹簧式，如图 2 – 18 所示。上锯轮 1 与拖板 3 铰接于销轴 9，转动手轮 4 即可调节其倾斜度。拖板装于导轨 2 内，转动手轮 7，通过丝杠 5，可使螺母 6 移动，通过弹簧 8 连同拖板带着上锯轮一起上下移动，改变两锯轮中心距，以适应不同长度锯条以及锯条张紧的需要，弹簧起弹性张紧的作用。其次，细木工带锯机的工作台一般都可以作倾斜度在 40°以内的调节，如图 2 – 19 所示。在活动工作台 4 的下部有一扇形体，它在扇形座 6 内可根据需要调整活动工作台的倾斜度，并由手轮 7 操纵偏心机构给予固定。细木工带锯机在加工大而长的工件时也需上、下锯手密切配合，但一般是由一人操作。操作者面对带锯条站于偏左方位，锯切时，左手导引、右手推送木料，在抵达锯条前或加工小料时，须用木棍推拨。进锯速度以能锯开木材，且带锯条不致弯曲为宜，过缓则会使木材焦灼。

3．MJ344 细木工带锯机技术参数

最大切割厚度 260mm，最大通过宽度 350mm，锯条线速度 10m/s，锯条长度 2910mm，锯轮直径 400mm，工作台 480mm × 480mm，工作翻转角度 0 ~ 40°，电机功率 2.2kW，斜切范围 0 ~ 40°。

（二）设备调整

1．开机前的准备工作

（1）装挂锯条

① 检查锯条的齿形、锯齿锐利程度、锯料、适张度等情况；

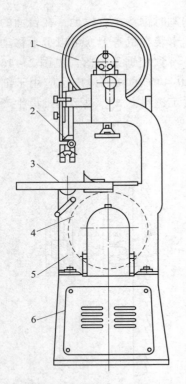

图 2 – 17　MJ344 型细木工带锯机外观图

1—上锯轮　2—锯卡　3—工作台
4—下锯轮　5—机身　6—底座

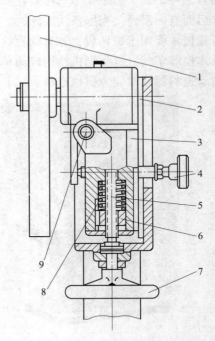

图 2 – 18　MJ344 型细木工带锯机上锯轮结构简图

1—上锯轮　2—导轨　3—拖板　4、7—手轮
5—丝杠　6—螺母　8—弹簧　9—销轴

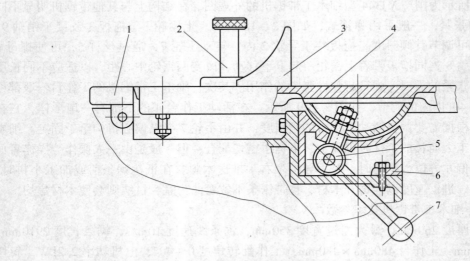

图 2 – 19　MJ344 型细木工带锯机工作台简图

1—固定工作台　2—滚花螺钉　3—导向板　4—活动工作台　5—偏心轮　6—扇形座　7—手轮

② 检查锯条的裂缝是否已超过规定限度；

③ 锯条初步张紧后，用手拉动锯条，使锯轮转动，观察锯条是否前后窜动和打滑。

（2）调整锯卡与锯条的间隙　锯卡与锯条的间隙要适中，一般 0.1～0.2mm。如果间隙过小，会使锯条发生摩擦而发热膨胀，造成适张度减弱，甚至会使适张度消失；如果间隙过大,锯条在运动中晃动,不起作用,造成锯路弯曲,锯材质量下降。调整时张紧锯条,松开锯卡夹板上的螺母,轻轻推动夹板,并用塞尺检查间隙,当间隙达到规定值时,重新锁紧螺母即可。

(3)将锯机的保护装置关好,开车试运转,检查锯机是否有振动和异常声音。如果无异常现象,待锯机运转正常后即可进行锯解。

2.细木工带锯机的操作

细木工带锯机在锯解小木料的工件时,一般是一人操作,只有加工大而长的工件时才由上下锯手两人操作。操作者要面对锯条,站在锯机的工作台中心线偏左的位置,其操作方法如下:

(1)根据锯解木料的厚度,随时调节锯卡的高度,以距离被加工材料表面8mm为宜;

(2)按照画线锯解工件,要留有少量的余量,以便砂光修正;

(3)锯解时,通常是左手引导工件,右手施压推动工件进锯,注意进料速度要适当。

(三) 细木工小带锯安全操作规程

(1)作业前,检查锯条,如锯条齿侧的裂纹长度超过5mm,锯条接头处裂纹长度超过3mm,以及连续缺齿两个和接头超过三个的锯条均不得使用。裂纹在以上规定内必须在裂纹终端冲一止裂孔。锯条松紧度调整适当后先空载运转,如声音正常,无串条现象时,方可作业。

(2)进锯前,应调好尺寸,进锯后不得调整。进锯速度应均匀,不能忽快忽慢。

(3)加工长料时,送接料要配合一致。送料、接料时不得将手送进台面。锯短料时,应用推棍送料。回送木料时,要离开锯条50mm以上。在工件过锯背200mm时,下手方可接拉。工件后端接近锯齿200mm时,上手即应脱手,靠下手将工件拉锯完毕。

(4)当工作台面锯条通路有碎木杂物阻塞时,应用木棍拨离,切勿用手指拨弄。

(5)装设有气力吸尘罩的带锯机,当木屑堵塞吸尘管口时,严禁在运转中用木棒在锯轮背侧清理管口。

(6)锯机张紧装置的弹簧动作要灵活,防止锯条口松动或串条等现象发生。

(7)作业后,切断电源,锁好闸箱,进行擦拭、润滑,清除木屑。

四、任 务 实 施

根据生产加工任务,门边上槛毛坯料上有圆弧造型,理想的加工设备就是细木工小带锯。加工过程如下:

(1)在原料上依据画线板进行划线作业;

(2)检查锯条后装挂锯条并调整张紧度;

(3)根据原料厚度调整上锯卡位置和锯卡松紧度;

(4)进行安全检查;

(5)开机,运转正常后进行加工操作;

(6)由于加工圆弧线不用导板,将导板退到最大位置。该加工由一人操作完成,操作时按线加工,线外应留有2~3mm加工余量,平稳进锯。操作过程中时刻注意安全。

五、知 识 拓 展

细木工带锯机常见问题及解决办法见表2-3。

表 2 – 3   **细木工带锯机常见问题及解决办法**

故障名称	产生原因	解决方法
带锯条断裂	上下锯卡距离太远	将两锯卡调整得近一点
	锯卡太紧	适当调松锯卡
	锯条张紧力太大	降低锯条张紧力
	进给速度太快	降低进给速度
斜切	进给速度太快	降低进给速度
	锯卡太松	将锯卡尽可能调整紧一点
	锯卡松紧不匀	调整锯卡卡紧状态，使其摩擦力均匀
	锯条太松	提高锯条张紧力
	有断齿	连续断齿超过两个以上换锯条
锯路表面粗糙	齿距太大	降低齿距
	锯料不齐	重新压料
	进给压力太大	降低进给压力
带锯工作时停止	进给压力太大	降低进给压力
	进给速度太快	降低速度
	锯条张紧力不足	调整锯条张紧力
切割时带锯条弓起	焊接区不平	检查焊接区
	锯卡太紧	调整锯卡松紧度
	锯条适张度不足	检查锯条适张度
工件几何精度和尺寸精度较差	锯条上沾有杂物	及时清理锯屑、树脂
	进给速度不匀	保持进给速度均匀一致
	锯卡不正	调整锯卡间隙，装正锯卡
	锯条压料不对称	重新压料
	导板与锯条不平行	调整导板与锯条，使两者平行

六、作业与思考

1. 细木工带锯机的结构特点是什么？
2. 细木工带锯机由哪几部分组成？各部分的作用是什么？
3. 锯卡子和张紧弹簧的作用是什么？
4. 细木工带锯机操作时要注意哪些问题？

任务 5   电子开料锯的调试与操作

一、学习目标

（一）知识目标

1. 了解电子开料锯的基本结构与特点；
2. 掌握电子开料锯的一般操作程序和维护与保养方法。

（二）能力目标

1. 能进行电子开料锯的简单操作；
2. 能进行电子开料锯的简单故障处理。

二、任　务　描　述

某板式家具厂生产一批衣柜，开料工段电子开料锯接到任务工作单：板材为 2440mm × 1220mm × 18mm 枫木色三聚氰胺贴面刨花板，数量 50 张。加工成品为 2400mm × 395mm × 18mm 衣柜柜门 150 个。

三、相　关　知　识

电子开料锯（见图 2 - 20）采用计算机控制系统，操作人员只需在可编程控制器（PLC）控制面板上将相关数据输入，计算机通过优化软件进行合理的优化设计，通过机械设备的自动运行加工，得到高精度、高质量的锯切板材的一类自动化木工机械设备。

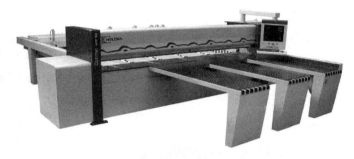

图 2 - 20　金田豪迈 HP180 电子开料锯

目前市面常见的电子开料锯主要有前进料式、后进料式、纵横裁切锯三大类。

（一）电子开料锯的特点

1. 提高板材利用率

依据计算机辅助开料软件进行规划与设计，大大提高了板材的整体利用率，一般可以提高利用率 3% ～8% 。

2. 利于解决开料问题

提供多项参数解决各种条件下的开料问题，能同时一次性处理不同厚度、材质、颜色的开料问题，支持纹路方向的限制。

3. 操作简单方便

具备电脑基本操作者只需 2h 左右即可熟练掌握该机器上软件的全部操作；所有原始数据均可从 EXCEL 文件导入到系统，也可以直接输入。

4. 高效自动产生直观的开料图

供现场开料师傅开料；同时产生大板的需求数量为采购部的定量采购计划和生产现场的定额领料提供准确的数据依据。

5. 充分地回收余料并再次利用

在计算时可任意选择余料优先、利用率优先、裁板方便优先。

（二）电子开料锯的结构及组成

1. 安全帘

电子开料锯出料端的保护帘，主要用于保护切割面，如图 2 -21 所示。

2. 测距系统

测距系统主要用于切割行走距离以及板叠高度的测量，如图 2 -22 所示。

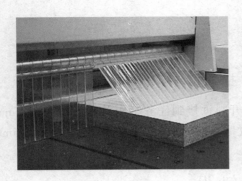

图 2－21　保护帘

图 2－22　测距系统

3．程控导板

程控导板为锯切操作输送板材并起到定位工件的作用，如图 2－23 所示。

4．工件紧固装置（紧固钳）

紧固钳在锯切过程中紧固单个板材或板摞，如图 2－24 所示。

图 2－23　程控导板

图 2－24　紧固装置

5．锯架

锯架用主切割锯与预划痕锯完成锯切，如图 2－25 所示。

6．开关柜

开关柜如图 2－26 所示。

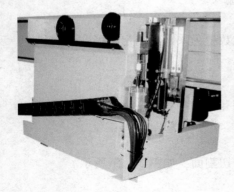

图 2－25　锯架

图 2－26　开关柜

7. 空气缓冲台

空气缓冲台保证用手可以轻松推动板材，如图 2 - 27 所示。

8. PLC 控制面板

PLC 控制面板为操作控制加工过程，如图 2 - 28 所示。

图 2 - 27 空气缓冲台

图 2 - 28 PLC 控制面板

9. 吸尘装置

压力梁和排尘道处的吸尘设备在切割过程中排出切割产生的粉尘，如图 2 - 29 所示。

10. 压角装置

压角装置将角尺处的板材与切割线成直角对齐，如图 2 - 30 所示。

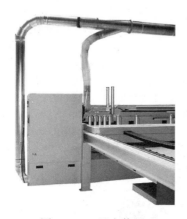

图 2 - 29 吸尘装置

图 2 - 30 压角装置

11. 压力横梁

压力横梁在锯切循环时精确地压紧板材，如图 2 - 31 所示。

12. 直角导板

直角导板用于将板料直角校准到切割线，如图 2 - 32 所示。

13. 压力空气系统

压力空气系统为设备加工提供压力空气，如图 2 - 33 所示。

14. 优化软件

可以优化各种板材尺寸的不同工件位置，如图 2 - 34 所示。

图 2 – 31 压力横梁

图 2 – 32 直角导板

（三）安全操作规程

1. 操作人员应经过专业的培训并经考核合格后方可操作该设备。

2. 非本机操作人员不允许进行设备操作。

3. 操作人员操作过程中不能随便离开工作岗位，应有 2 ~ 3 人组成。

4. 操作人员应佩戴防护口罩、耳塞、护目镜等护具，严禁穿拖鞋或高跟鞋进行操作。

5. 清洁时先切断生产装置，只许用吸尘器或干抹布来清洁生产装置，开关柜里面要定期让电气专业人员来清洁。

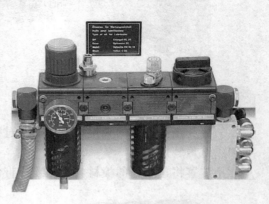

图 2 – 33 压力空气系统

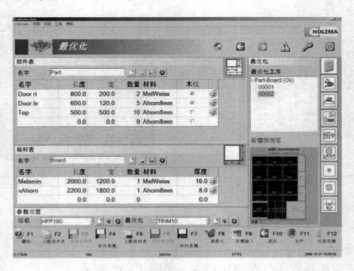

图 2 – 34 优化软件界面

6. 设备操作过程中出现问题，需专业维修人员进行维修，操作人员不允许自行维修，维修过程中需关闭电源、压缩空气、除尘系统。

7. 更换刀具时，要切断总开关，保护起来，以防有人擅自重新接通，造成人员伤害。

8．锯切板材厚度不超过90mm。

（四）电子开料锯的调整

（1）水平方向调整，如图2-35所示。

将水平仪安放在直角导板5上，用螺钉2水平校准直角导板，拧紧2颗螺钉，安装螺母3进行锁定。

（2）对齐调整，如图2-36所示。

使用导板、直线规或修边板材进行调整。在气垫工作台底座一侧松开螺母5，再向左旋转螺销3，向右均匀旋转螺母4和6，直角导板向左移动。将导板8安放在直角导板2和7上，调整长直角导板，直到其与短直角导板对齐。

图2-35 电子开料锯水平方向调整示意图
1、2—螺钉 3—螺母 4—支架 5—直角导板

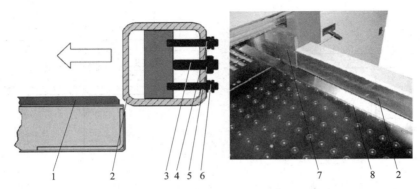

图2-36 电子开料锯对齐调整示意图
1—气垫工作台 2—长直角导板 3—螺销 4、5、6—螺母 7—短直角导板 8—导板

（3）垂直方向调整，如图2-37所示。

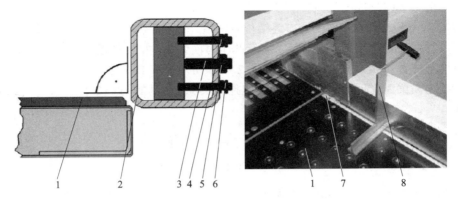

图2-37 电子开料锯垂直方向调整示意图
1—气垫工作台 2—长直角导板 3—螺销 4、5、6、7—螺母 8—直角尺

在机器一侧，使用螺母4和6进行调整，直到长直角导板2与气垫工作台1成90°。用直角尺8调整垂直度，调整气垫工作台，使其尚可以够着螺母7，完成所有调整工作之后，

要锁紧所有螺母并且检查直角导板。

（4）压力系统示意图，如图2-38所示，压力横梁调整如图2-39和图2-40所示。

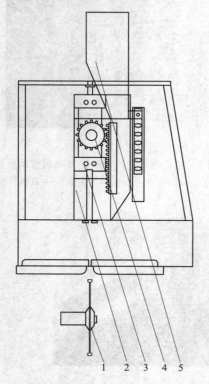

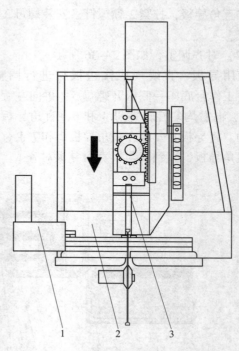

图2-38　电子开料锯压力系统示意图
1—锯片　2—压力横梁　3—气缸
4—齿轮、齿条　5—吸风接管

图2-39　电子开料锯压力横梁调整示意图（1）
1—夹具　2—板摞　3—压力横梁

上升、下降过程通过气缸3的运动来完成，水平平衡采用齿轮和齿条4通过平衡轴，吸风采用压力横梁2中集成的吸风接管5完成。

基础位置：压力横梁升高＝上方终端位置。

锯切位置：夹具1用来定位板摞2。降低压力横梁3，并夹紧板摞，完成锯切操作。

剩余切割位置（最后一次切割），如图2-40所示。夹具1定位板摞4（板条最小宽度50mm），压力横梁3降低（带电刷的凹槽包住夹具），夹具的销子2打开，夹具返回，完成锯切操作。

四、任务实施

（一）生产前准备

（1）将作业台及作业场地清理干净；

（2）检查吸尘系统是否正常；

（3）检查锯片是否锋利，是否完好，气压是否达到0.6MPa。试机约1min，看电子开料锯运转是否正常；

（4）准备好板材和辅料（垫板等）。

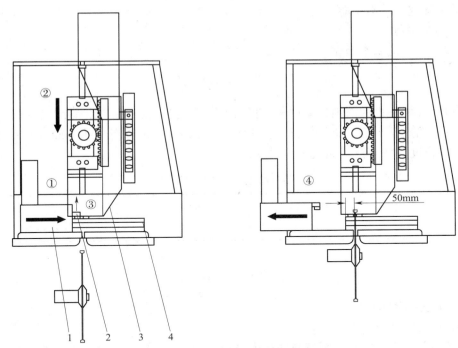

图 2 - 40 电子开料锯压力横梁调整示意图（2）
1—夹具 2—销子 3—压力横梁 4—板摞

（二）生产操作

（1）根据开料表将有关数据输入电脑（或调好档位尺寸）；

（2）送料人员用叉车将板材送上升降台，摆放整齐；

（3）启动输送开关，将板材送入作业台（或搬上作业台）；

（4）根据板材硬度和厚度调整锯车开料速度，要求不超过额定电流；

（5）开料结束后，将工件整齐堆放在货架上；

（6）每开一种规格的板材，必须作首件自检，看长、宽对角线尺寸锯痕是否符合质量要求。

（三）操作结束

（1）作业结束，退出程序；

（2）切断电源；

（3）为设备除尘，将余料清理干净。

五、作业与思考

电子开料锯由哪几部分组成？各部分的作用是什么？

任务 6 优选锯的调试与操作

一、学 习 目 标

（一）知识目标

1. 了解优选锯的组成及结构特点；

2．掌握优选锯基本功能。

（二）能力目标

能掌握优选锯的基本操作。

二、任 务 描 述

某制材厂要将一批四面刨光的樟子松板材截制成定长规格料，剔除死节、端裂、油料、蓝变、夹皮、腐朽等缺陷，最大活节允许直径为 20mm，原料规格为 4200mm × 120mm × 35mm，截取长度规格与数量如表 2 - 4 所示。

表 2 - 4 　　　　　　　　　　　　**樟子松板材规格及数量**

长度规格/mm	2800	1900	1100	700	450	300
数量/根	50	60	80	50	120	400

三、相 关 知 识

（一）优选锯基本功能

1．出材率优先优选

对锯切清单中将要锯切的规格料的长度进行最佳组合，以达到最小限度的浪费。锯切时锯片尽可能远离缺陷，这样会提高板材质量。

2．长料优选

模拟人工的思维方式，优先锯切最长料。保证客户迫切需要长料的特殊需求。

3．等级优选

每一种优选方案都可以有不同的等级，高等级可以转化为低等级。考虑所有等级的各种长度配合以达到最高价值。

4．顺序锯切

按照工厂的材料状况、锯切规格尺寸，自动按照工厂设定的加工顺序进行横截加工。考虑产品的规格配套，自动按照产品不同规格的配比生产。

5．数量优选

为了尽可能使实际锯切更接近理想锯切，电脑将自动进行计数统计，使锯切清单里的各种规格按照设定的数值准确完成。

6．缺陷锯切

仅仅去除板材表面缺陷（截头、去尾、去除节疤等），锯切精度高、能够紧贴节疤锯切。高效率、高精度，帮助客户快速、高质地完成生产任务。

7．零废料锯切

充分考虑规格料与指接材之间的长度配比，在一段好料不够出规格料又不能做指接材时，自动将前段规格料匀出部分长度，以便满足指接，使废料比例大大降低。

（二）优选锯的结构组成与调试

优选锯的结构组成如图 2 - 41 所示。

1．画线台

在画线台上将用荧光笔对木料的质量进行分级，并划线标记出木料的缺陷部位。然后将

图 2 – 41 优选锯的结构组成

1—画线台 2—进料区 3—扫描探测台 4—操作屏 5—锯机 6—电控柜 7—选料出料区

木料的画线面朝上放入进料通道中。木料由进料运输带装载并被送进机器中。画线台结构如图 2 – 42 所示。

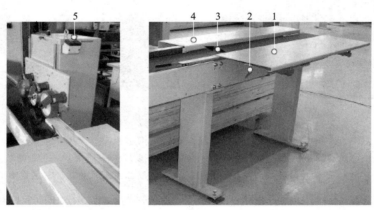

图 2 – 42 画线台结构示意图

1—可调台面板 2—锁紧手柄 3—进料通道 4—固定靠板 5—紧急制动钮

可调台面板调整：松开锁紧手柄，推动可调台面板，将进料通道的宽度调整到比木料宽度多出 1～2mm，上紧手柄。

2. 进料运输带

带加工木料由进料运输带带动前行，穿过测量台被运到锯截区，进料运输带结构如图 2 – 43 所示。

图 2 – 43 进料运输带结构示意图

1—进料运输带 2—压紧元件 3—螺母，锁紧柄 4—压轮 5—压紧装置压轮调整：松开锁紧螺母以及手柄，调整压轮，使压轮在没有压工件时位于比木料厚度低 5~7mm 的位置，拧紧螺母并上紧手柄。

3. 扫描探测台

扫描探测台结构如图 2-44 所示。画好线的木料通过进料运输带运到测量台，进入测量轮 I 的探测范围。光感器扫描到木料板的前边缘并启动长度测量系统。荧光识别光感器识别出木料上表面的粉笔画线（缺陷长度、质量、废料）。当木料一碰到测量轮 II，则由它来接替测量轮 I 对木料进行测量。两个测量轮的长度测量信息和荧光识别光感器识别出的信息将被继续传送到机器优选程序中。以这些传输过去的数据，再综合考虑客户组织生产的特殊要求，程序软件将计算出最佳的下锯单。

图 2-44　扫描探测台结构示意图

1—固定调节手柄　2—锁紧手柄　3—高度调节刻度尺　4—压轮　5—测量轮 I
6—质量等级荧光探测头　7—起始光栅栏光感器　8—上荧光光感器　9—测量轮 II

调节木料厚度：木料厚度通过探测台手动摇柄来进行调节。松开锁卡，用手动摇柄调节高度，直到尺寸刻度板上显示出木料厚度为止，重新锁紧手柄。

4. 电控柜

电控柜（如图 2-45 所示）位于整个装置背面靠锯机处，包含整个装置需要的电力和电力控件（如保护开关），在一扇侧门上装有排风机，可使电力元件冷却，在电控柜侧墙上装有总开关。

图 2-45　电控柜示意图

1—主闸　2—空气滤网　3—带空气滤网的排风机

5. 操作板

操作板位于锯机正面，操作板界面如图2-46所示。这里可以进行软件所有功能以及液晶显示屏的操作。紧急制动按钮可以快速关闭机器。用绿色带灯按键2可以启动锯机，用红色带灯按键3可以关闭锯机，用开关4可以调节木料的厚度，用另一开关5可以打开锯机防护罩联动封闭锁，用开关6可以启动或关闭进料机，用开关7可以启动或关闭进料区。

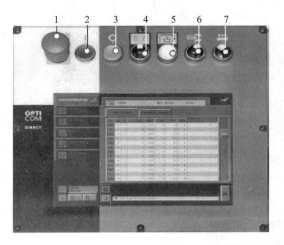
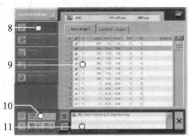

图2-46 操作板界面示意图

1—紧急制动按钮 2—锯机启动（带灯按键-绿色） 3—锯机关闭（带灯按键-红色） 4—高度调节按钮上/下
5—锯机防护罩联动锁开启键（灯光按键，白色） 6—进料机关/开（旋钮式开关） 7—进料区关/开（旋钮式开关）
8—选择菜单（工作方式，参数） 9—产品显示栏，生产时间 10—选择产品和管理产品
11—故障报告显示栏（带复原键或最后一块木板的信息数据）

6. 锯机

锯机结构如图2-47所示。木料通过探测台被送进锯机。运输装置由进料运输带和多个进料轮组成。能将木料平稳而且无相对错位地送进锯口。第一个光感器探测到木料后，会启动第一个气缸活塞伸出。此活塞作用于第一个压轮，将木料按压在进料轮上，由进料轮再将木料继续往前送，进料轮速度已有系统预先给定。第二个光感器启动机器的操作系统，它控制第二个活塞的伸出，以探测和收录木料的长度信息。此外它还有目的地让木料停止和定位，方便锯片锯截木料。木板中途停止前进后，高速转动的锯片由下往上锯进木板。锯片根据操作程序中预先设定的下锯清单锯开木料。锯截完毕后，木料会被加速前进，为下一锯切操作定位并刹停，等待锯切。选料轮将锯好的木板推入选料运输带。由此木板会先平稳后再加速运出。光感器由吹气嘴来保持清洁。短而无用的废料将被吹气嘴吹出。如果废料长度超出操作软件中预设的数值，它将被锯机进行多次锯短后，再由吹气嘴吹出。

7. 锯机压轮

锯机压轮结构如图2-48所示。

锯机高度调节如图2-49所示。

（1）电动调节木料厚度 用操作板上的厚度调节旋钮电动调节木料厚度。

（2）手动调节木料厚度 木料厚度可用机器侧边的手动调节摇柄进行调节。

（3）锯机升降的调节 锯机的升降在锯机工作台上进行调节。如图2-50所示。

图 2 - 47　锯机结构示意图

1—压轮Ⅰ　2—光感器Ⅰ（压轮Ⅰ）　3—气缸活塞　4—光感器Ⅱ（测量起始光感器）

5—废料吹气嘴（2个）　6—测量轮Ⅰ　7—进料轮　8—选料轮

图 2 - 48　锯机压轮结构示意图

1—上压轮Ⅰ　2—光感器Ⅰ（压轮Ⅰ）　3—侧压轮Ⅰ　4—气缸活塞　5—光感器Ⅱ（测量起始光感器）

6—测量轮Ⅰ　7—进料轮　8—电控吸尘罩　9—测量轮Ⅱ　10—侧压轮Ⅱ　11—锯机防护罩安全开关　12—吹气嘴

图 2 - 49　锯机高度调节示意图

1—刻度尺　2—通过旋钮电动调节高度"上 - 下"　3—摇柄（调节高度，让木料高度在刻度尺上可以读出）

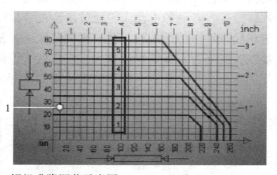

图 2 - 50　锯机升降调节示意图

1—尺寸示意图（木料尺寸）　2—调节柄（根据示意图，用调节柄来调节锯机的升降）

（4）调节木料宽度　调节侧压轮，直到标记线符合木料厚度。如图 2 - 51 所示。

8. 锯机正面结构

锯机正面结构如图 2 - 52 所示。锯机将根据预先设定的下锯清单将木料截断。锯机电机通过齿轮皮带带动锯片转动。锯机升降活塞 4 将锯片由下向上抬起而锯断木料。接近式监控开关 1 和 3 会探测到锯片升降活塞的位置。活塞的压力和反压力都会在压力表上显示。锯切操作完成后，锯片下行退回原位。插入的锯片保护罩在更换锯片时可以抽出。储压罐 8 保证锯机升降活塞有足够的压力（0.6～0.8MPa）。

图 2 - 51　调节宽度示意图

1—锁紧柄　2—标记

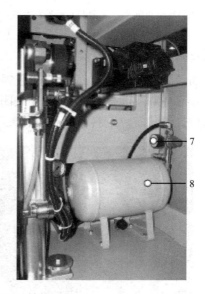

图 2 - 52　锯机正面结构图

1—接近式监控开关（上锯片）　2—锯机臂（带齿轮皮带）　3—接近式监控开关（下锯片）
4—锯机升降活塞　5—反压压力表（锯机升降）　6—锯片防护盖　7—工作压力显示表（锯机升降）　8—储压罐

9. 锯机背面结构

锯机背面结构如图 2 – 53 所示。锯机背面装有进料装置的驱动系统。进料轮负责锯机区域内的木料传送。转动的电动齿轮通过齿轮皮带将驱动力传往驱动系统。驱动齿轮由此被带动并将进料轮带动以传送木料。通过张紧装置来张紧齿轮皮带。第一个进料轮传动齿轮的信号发生器接收到当前木板位置信息后，将它继续传往中心控制系统。吸尘装置上部吸收从锯切口出来的木屑，吸尘装置下部清洁锯片箱的下部。

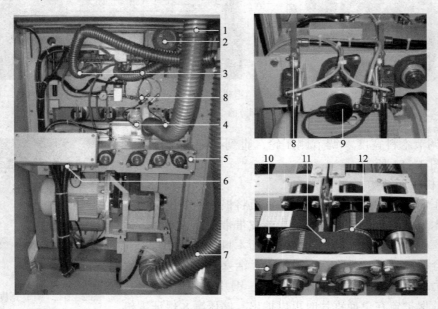

图 2 – 53　锯机背面结构图

1—吸尘装置上部　2—电动木料厚度调节器　3—电动吸尘罩　4—信号发生器（测量轮 1 + 2）
5—进料轮驱动单元　6—进料轮信号发生器　7—吸尘装置下部　8—球阀（废料吹气嘴压力阀）
9—信号发生器　10—张紧轮　11—齿轮驱动皮带驱动　12—驱动齿轮

10. 废料箱

废料箱如图 2 – 54 所示。锯截好的废料将被选出并吹入废料箱。可用材（定尺长度、可变长度）小于 400mm 时，废料箱自动关闭。可用材大于 400mm 时，木料运输过程中废料箱会一直保持打开状态。废料箱的开启和关闭由锯机中心控制系统操纵。压轮的使用会提高

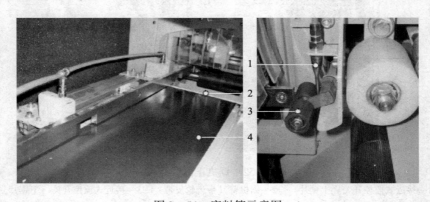

图 2 – 54　废料箱示意图

1—废料箱吹气嘴　2—防撞板　3—选料轮　4—出料运输带

被锯木料的运输速度。废料被吹气嘴吹入废料箱。防撞板用来保护出料运输带，让其不会被传送过来的木料损坏。

11．选料出料区

选料出料区如图 2－55 所示。光感器探到通过选料运输带传送过来的锯切完毕的木料，并通知中心控制系统。感应接近开关接收到的木料位置信息也同时被传递给中心控制系统。根据这些信息和选料预定标准，以及木料的长度，将有一个或多个顶料器被启动。一个或多个顶料器气缸伸出，将木料从选料运输带上推走（例如推入一个工件箱中）。冲撞保护挡板用来挡住因控制不当而推出的木料。对于较长的锯切木料将有几个选料顶料器同时动作，顶出木料（联合顶料方式）。为了让等长而数量多的木料均匀地分布在多个选料位置，在此将进行顶料器交替轮换顶料操作（顶料器交替变换伸出）。较长的废料可以确定一个固定的顶料器将其顶出。在运输带上没有被顶出的木料则在选料出料区终端被一块倾斜挡料板挡住，从侧边出料。选料运输带由一个驱动电机来带动。

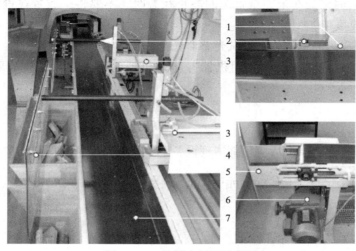

图 2－55　选料出料区示意图

1—感应接近开关（被盖住）　2—光感器　3—顶料器　4—冲撞保护挡板　5—挡料板　6—驱动电机　7—选料运输带

12．气水分离器

气水分离器结构如图 2－56 所示。气动装置的进气压力用压力调节阀调节，并通过压力

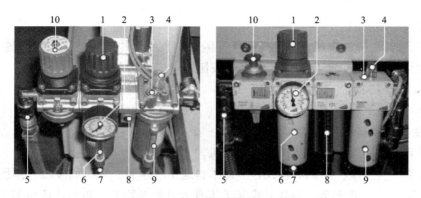

图 2－56　气水分离器结构示意图

1—压力调节阀　2—压力表　3—注油口螺丝　4—油量调节螺丝　5—压缩空气管
6—滴水管　7—放水螺丝　8—压缩空气接口　9—注油器（带透明油标管）　10—排气阀

表读出。滴水管从进气道收集的冷凝水可以由放水螺丝排走。注油器给压缩空气中加入微量润滑油，以防止气动系统元件腐蚀生锈。注油器中油量可以通过透明油标管观察和确认。可以通过注油口的螺丝补充润滑油。

（三）优选锯安全操作规程

（1）操作人员必须经过专业的学习与培训，且经考核合格后方可上机操作，非本机操作人员禁止上机操作。

（2）操作人员必须严格按照本操作规程作业，不得违章作业。

（3）设备发生故障时必须找专业维修人员进行维修。

（4）设备开启后绝不允许无人照管而让其运行。

（5）穿扣紧的工作服，束紧长发。

（6）在操作设备时必须佩带防护耳机，以防听力受损。

（7）机器运转时或处在未完全肯定的静止状态时，不要将手放置在进料运输方向。不要从进料运输方向攀越。

（8）每8h用浸满酒精的软布擦拭光感器光孔。

（9）机器出现故障时，迅速关闭机器并防止机器的意外启动，将故障迅速通知负责人员。

（10）在给机器进行维护保养时，每次都必须先将整个装置完全断电关闭，方可进行检修。

（11）每个班次生产结束后应仔细清理设备卫生，进行设备的日常维护。

四、任 务 实 施

（一）设备启动

（1）启动气动系统气压提供装置。

（2）启动废料清理装置。

（3）启动木屑吸尘装置。

（4）将电控柜中总开关调到 ON（启动状态）。总控制系统启动循环检查一次，然后就处于待用状态。

（5）输入下锯清单。

（6）按下锯机 SAW 按钮。绿色按钮光亮闪动，直到锯片电机达到指定转速后，绿色按钮才保持持续绿灯状态，不再闪动，红色灯按钮处于熄灭状态。

（7）启动进料装置［进料开关 OFF（关）－ON（开）］。

（8）启动机械运料装置［机械运料 OFF（关）－ON（开）］。

（二）生产前准备工作

（1）调节木料厚度，即调节探测台、锯机。

（2）调节木料宽度，即调节画线台上的木料通道、压轮、锯机前导板、侧压板1＋2。

（3）工作区域整洁干净，一目了然（无工具或其他杂物放在机器内或机器上）。

（4）检查所有安全保护装置是否全部装好了，功能齐全正常，并已被固定。

（5）正确调整系统压力，所有气动装置压力。

（三）生产操作

（1）启动整个设备。

（2）设备开启后绝不允许无人照管而让其运行。

（3）原木料必须做划线标记。

（4）画好线的原木料紧靠画线台的固定边放置，划线面朝上、有变形的木料应该将凸面朝下放置。

（5）在机器的操作面板上可调出以下数据，木料下锯优化结果、原木数据表和下锯清单表格、已加工完毕的木料数量及各项加工数据统计。

（6）设定和编辑其他产品，定义并输入新的产品规格。

（7）更换产品时，注意将加工数据的统计值回零。

（四）关闭设备

（1）机器空转。

（2）结束程序。

（3）关闭进料系统［进料开关 OFF（关）－ON（开）］。

（4）关闭机械运料装置［机械运料 OFF（关）－ON（开）］。

（5）按下锯机 SAW 按钮，关闭锯机。

（6）关闭木屑吸尘装置。

（7）关闭废料清理装置。

（8）关闭气动系统气压提供装置。

（9）将电控柜中总开关调到 OFF－关闭状态。

五、知识拓展

常见故障分析与解决

1. 扫描台故障

（1）探测台起始光感器被盖住

原因：探测台光感器上有脏物或缺陷。

解决办法：用洁净软布擦拭起始光感器光眼；检查探测台起始光感器的调校/调整；检查进料运输带是否有毛边现象；撤销故障报告。

（2）探测台长度荧光光感器、质量等级荧光光感器被盖住

原因：探测台荧光光感器（上荧光光感器）上有脏物或缺陷。

解决办法：检查荧光光感器的功能；检查探测台起始光感器的调校/调整；用洁净软布擦拭荧光光感器光眼；撤销故障报告。

（3）探测台转动信号发生器 1 或 2 出现故障

原因：转动信号发生器测量轮 1 或 2 转动方向错误、转动信号发生器或者与总控制相连的连接线损坏，总控制被损坏。

解决办法：在测量显示屏中检查测量轮 1 或 2 的转动方向。在测量显示屏中检查测量轮：看它是否在持续计数，检查各组成部分，撤销故障报告。

（4）探测台中木料太短或太长

原因：在程序探测台设置时设定的最短（长）木料长度没有达到，木料未被探触就离

开了测量轮；起始光感器被短暂覆盖；转动信号发生器有故障。

解决办法：再次测量木料长度，并检查在总控制中木料最短（长）长度参量的设置；检查测量轮高度；检查转动信号发生器和起始光感器的功能；画线台调节到木料宽度；清洁被木屑覆盖的光线箱或解决类似问题，清除木料；撤销故障报告。

（5）探测台感应开关故障

原因：在转换到长度参量时，由转动信号发生器发出的从测量轮1到测量轮2的信号出现故障。

解决办法：检查测量轮1和2的转动信号发生器功能；检查测量轮的高度调节；检查木料长度，木料必须放置在测量轮下50mm处；清除木料；撤销故障报告。

2．选料区故障

（1）未连接上传输系统和锯机控制系统

原因：优选横截锯未与传输系统连接上或传输系统自身出现故障。

解决办法：检查传输系统导线（分配器电源，传输导线）；检查传输系统导线开始和结尾处是否有阻力；通过锯机系统故障诊断器检查传输线路。

（2）供电中断

原因：系统网络被中断，控制系统被USV缓冲。

解决办法：检查系统网络；撤销故障报告。

（3）行程开关基准点出现故障

原因：感应接近开关在它还不应该启动的区域就自行启动。

解决办法：检查感应接近开关的灵敏度，检查是否有金属杂物放置在基准尺前面并清除这些杂物，用重设键重新设定。

（4）探测台进料运输出现阻滞

原因：监视高度的压轮感应接近开关闲置。

解决办法：排除阻滞引发物；检查锯机高度调节器和感应接近开关。

（5）压轮行程开关故障

原因：虽然压轮为了适应控制系统必须位于下方，但压轮的感应接近开关在上方并被覆盖。

解决办法：检查电子阀门控制系统（LED阀门插头）、压轮的工作压力和接近感应开关的压力。

3．优化程序故障

（1）没有定义质量等级

原因：未输入有效质量等级。

解决办法：检查定尺长度和指接材长度。

（2）定尺长度尺寸清单已处理完毕

原因：在定尺长度尺寸清单中列出的定尺工件数量已完成。

解决办法：回调定尺长度清单中所列出的工件数量，增加预定工件数量，输入新的预定工件数量值。

（3）没有长度值可调用

原因：没有输入长度值和指接材长度值。

解决办法：检查程序中产品设置，即检查定尺长度和指接材长度。

（4）画线方式错误

原因：虽然木料尾部画有标记线，但机器未能识别，木料一直穿过机器。

解决办法：检查探测台画线方式参量设置是否正确。

六、作业与思考

1. 优选锯的基本功能有哪些？
2. 优选锯主要由哪几部分组成？

模块三　木工刨床加工设备

任务1　平刨床的调试与操作

一、学 习 目 标

(一) 知识目标
1. 掌握平刨床的类型与用途；
2. 掌握平刨床的基本结构与组成；
3. 掌握平刨床的安全操作规程。

(二) 能力目标
1. 具备正确调整平刨床的能力；
2. 具备利用平刨床进行基准面加工的能力；
3. 具备正确处理平刨床加工常见质量问题的能力；
4. 具备平刨床日常维护和保养的能力。

二、任 务 描 述

为沈阳华天木业定制生产一批桌腿料，毛料加工工段接到将该批次毛料进行基准面加工的工作任务。材料材质：樟子松；规格：780mm×60mm×60mm 干燥毛料；加工要求：利用平刨床加工出两个相邻的宽材面为基准面，加工后毛料宽度不小于56mm，厚度不小于56mm，基准面平直度小于0.3mm/m，相邻被加工表面成直角。

三、相 关 知 识

(一) 平刨床的分类
按进料方式分：手工进料平刨床和自动进料平刨床。
按工作台宽度分：轻型平刨床、中型平刨床和重型平刨床。轻型平刨床工作台宽度在200~400mm；中型平刨床工作台宽度在500~700mm；重型平刨床工作台宽度在800~1000mm。

(二) 平刨床的用途和加工特点
平刨床是将毛料的被加工表面加工成平面，使被加工表面成为后续工序所要求的加工和测量基准面；也可以加工与基准面相邻的一个表面使其与基准面成一定的角度，加工时相邻表面可以作为辅助基准面。平刨床的加工特点是被加工平面与加工基准面重合。

(三) 平刨床的组成
1. 平刨床
平刨床示例如图3-1所示。
2. 平刨床的结构组成
平刨床（见图3-2）一般由床身、前后工作台、刀轴、导尺和传动机构组成。铸铁床身是平刨床各部件的承受体，它应有足够的强度和刚度，满足机床防震的要求。部分平刨床身采用焊接结构。

前工作台是被刨削工件的基准，它应具有足够的刚度，表面要求平直光滑。一般都由铸铁制成（也有的采用钢板），工作台的平直度应在 0.2mm/m 之内，工作台的宽度取决于被加工毛料的宽度，一般在 200～800mm。前工作台对毛料获得精确的平面影响较大，所以其长度比后工作台要长。一般前工作台

图 3-1　平刨床 MB503

长度为 1.25～l.5m，后工作台长度为 1～1.25m。毛料的被加工表面一般比较粗糙，并具有一定程度的弯曲和翘曲，毛料被刨削的过程中，前工作台面的稳定程度直接影响工件的加工精度。

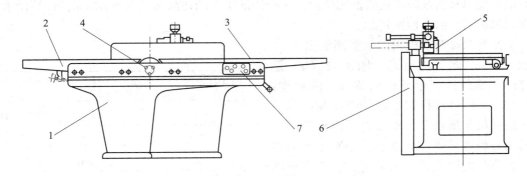

图 3-2　平刨床外形图

1—床身　2—后工作台　3—前工作台　4—刀轴　5—导尺　6—传动机构　7—控制装置

前、后工作台靠近刀轴的端部各镶有一块刚板，被称做梳形板。其作用是减少前、后工作台与刀轴之间的缝隙，同时又可以加速刀轴扰动空气的流通，降低空气动力性噪声。镶板应具有一定的刚度，并经过精加工，支持毛料通过刀轴，防止木材工件撕裂。

切削刀轴为圆柱形，其长度比工作台宽度大 10～20mm，直径常为 125mm。刀轴上安装刀片一般为四片，较少用两片或三片。手工进给平刨床的进给速度一般为 6～12m/min，机械进给平刨床，进给速度一般为 18～24m/min。刀轴转速在 3000～7500r/min，由电动机通过平带或 V 带完成传动。电动机安装在能摆动的电动机拖板上，通过弹簧调节带张紧度。国产平刨床的主要技术参数如表 3-1 所示。

表 3-1　　　　　　　　　　国产平刨床的主要技术参数

平刨床型号 主要技术参数	MB502A	MB503A	MB504A	MB504B	MB506B
最大铣削宽度/mm	200	300	400	400	600
最大铣削量/mm	5	5	5	5	5

续表

平刨床型号 主要技术参数	MB502A	MB503A	MB504A	MB504B	MB506B
工作台总长度/mm	1400	1600	2065	2100	2400
刀轴转速/（r/min）	6000	5000	5000	6000	6000
刀片数目/个	3	3	2	4	4
铣刀直径/mm	90	115	128	115	128
功率/kW	1.5	3	2.8	4	4
自重/kg	200	300	700	600	800

（四）平刨床调整

1. 平刨床调整

平刨床的调整主要是调整前、后工作台高度，前工作台要比刀轴切削圆母线低，低的量就是一次铣削的厚度值。后工作台在理论上应调整到与刀轴切削圆母线同高度，但生产中最好调整到比刀轴切削圆母线略低的位置，一般约低于刀轴切削圆母线 0.04mm，以补偿木材工件切削加工后的弹性恢复。

工作台升降调节机构的示意图如图 3-3 所示。其中，图 3-3（a）、图 3-3（b）是通过丝杠螺母沿楔形导轨调节的升降机构；图 3-3（c）是杠杆偏心轴调节机构。当手柄 5 按标尺 4 所指示值调节时，由床身 1 支承的偏心轴 2 使工作台 3 在偏心距范围内移动。调节高度因工艺要求而定，一般在铣削深度为 2～3mm 时，最大调节高度在 10mm 以上，偏心轴一般调整高度范围为 10～20mm。

2. 具体调整方法

（1）后工作台的调整 平刨床后工作台如图 3-4 所示。

松开后工作台的锁紧螺丝，转动后工作台升降手轮，以刀轴母线为基准，上下移动后工作台，使后工作台台面高于刀轴母线 1.5～2mm，调好后锁紧后工作台面。

（2）前工作台的调整 平刨床前工作台如图 3-5 所示。

将前工作台锁紧打开，以刀具切削母线为基准，旋转前工作台的升降手轮上下移动前工作台，使前工作台低于刀齿切削母线最高点 0.5～2mm，即刨削加工量，调好后锁紧前工作台。

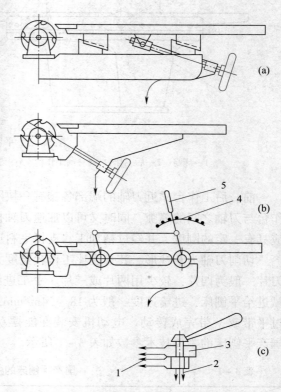

图 3-3 平刨床工作台升降调节机构
（a）通过丝杠螺母沿楔形导轨调节的升降机构 I
（b）通过丝杠螺母沿楔形导轨调节的升降机构 II
（c）杠杆偏心轴调节机构
1—床身 2—偏心轴 3—工作台 4—标尺 5—手柄

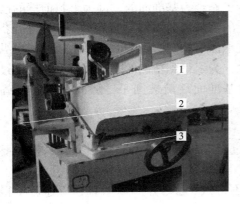

图 3-4　平刨床后工作台
1—后工作台　2—后工作台锁紧
3—后工作台升降手柄

图 3-5　平刨床前工作台
1—前工作台　2—前工作台锁紧
3—前工作台升降手柄

（3）靠尺的调整　将靠尺的角度移动锁紧打开，转动调节手柄，使靠尺与工作台成一定角度（可利用万能角度尺或直角座尺进行检量），调好后再锁紧。把靠尺左右移动锁紧打开，依据生产要求调整靠尺左右移动到合适的位置，然后锁紧。

（4）刨刀片的安装　图 3-6 所示为平面调刀。

确定工作台水平后，安装刨刀片，刨刀的安装要求：

① 刨刀片高出刀轴外圆实体 2~3mm 即可；

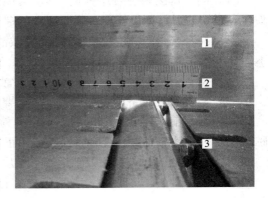

图 3-6　平刨床调刀
1—靠尺　2—调刀尺　3—刀轴

② 刨刀刃平行于刀轴中心线；

③ 所有刀片的顶点都在同一切削母圆上。

可以用调刀尺以后工作台为基准调节各刀齿的高低，调好后要将所有刀片锁紧螺丝锁紧。注意，各锁紧螺丝要同步逐渐锁紧，以保证刀位不变，最后用调刀尺检查各刀齿是否与靠在后工作台的调刀尺发生轻微摩擦，若有摩擦则重新调刀。

（五）加工操作注意事项

进料的时候要缓慢匀速，重心在木料前端，中途的时候逐渐将压力点均衡在木料上，并且大部分压力要施加在后工作台靠近刨刀前一点的位置上，最后的时候如果木料前端探出后工作台，可以在下面拖一下，但是大部分压力仍然要施加在后工作台刨刀前一点的位置。影响支承面高度位置不稳定的因素主要是毛料的长度、厚度、表面粗糙度以及翘曲程度等。在加工弯曲毛料时应取其表面为中凹的面作为基准面。当毛料下表面中凹长度小于前工作台长度时，在毛料和工作台面相对滑动过程中，被加工表面上若干支承点在工作台上所构成的支承面高度位置的变化比较稳定，容易获得较精确的平面。然而，当毛料的长度大于前工作台长度，而且被加工工件的下表面是中凹的情况时，毛料在向前移动中后部逐渐升高，所以毛料在前工作台上支承平面就很不稳定，因此，加工出的平面平直性较差。但是，当毛料继续沿工作台向前移动并通过刀轴达到一定的长度（200~300mm）时，操作人员对毛料前端的加压点就移到后工作台上，这时的刨削加工是以后工作台为基准面的。因为毛料前端的已加工平面已经可以作为基准面了。当位于前工作台上的毛料弯曲不影响加工时，工件就能获得相当平直的被加工表面。由于受开始刨削时毛料支承面不稳定的影响，实际上通过一次纵向刨削加工，毛料不可能得到完全精确的平面。所以，为了得到精确的基准面，一般要通过若干次加工，而且随着次数的增加，不均匀的毛料基准面逐渐被刨平，从而获得较精确的平面。

（六）安全操作规程

（1）上机操作人员必须经过专业培训，未经过专业培训人员禁止上机操作，机床要有专业人员调整及维修。

（2）操作人员在操作过程中不得散落长发、不得戴手套、不得戴首饰，工作服不得过于宽松。

（3）平刨床必须有安全防护装置，否则严禁使用。

（4）同一台刨床的刀片重量、厚度必须一致，刀架、夹板必须吻合。刀片焊缝超出刀头和有裂纹的刀具不得使用。紧固刀片的螺钉应嵌入槽内，并离刀背不少于10mm。

（5）在日常进行调整、维修保养和做清洁工作时都必须关掉主机电源以及分控电源，不许带电操作，以免发生触电和其他人身、设备事故。

（6）检查刀具安装紧固，转动是否正常，防止飞刀或反弹。

（7）检查除尘设备是否畅通，加工前要清除刨花、锯末等杂质。

（8）开车前应先转动电机的三角带，检查刀轴、齿轮等转动部件转动是否灵活，有无碰撞现象，刀具与靠尺是否有碰撞，一切正常方可开车。

（9）打开电源开关，待刀轴运转平稳后，方可正常使用。

（10）开车时如发现异常声响应立即停止并检查，在没有查明原因前不得重新启动开车。

（11）在平刨床作业时，禁止戴手套（修理设备和换刀具时除外）。

（12）平刨床防止逆纹理加工，木料要刨到头时，应将右手放在刨刀后面推料，不得从前面继续推料。

（13）平刨床刨长250mm、厚15mm以下小规格材时，必须用压料器推进送料。

（14）手动进料时应保持身体平稳、双手操作。刨削大面时，手应按在木料加工面相对面上；刨小面时，手指不得低于木料高的一半，并不得小于3cm。不得用手在木料后侧端面上推送。

（15）每次刨削量不得超过2mm，进料速度应均匀，经过刨口时用力要轻，不得在刨刃上方回料。

（16）遇有节疤、戗茬应减慢速度，不得将手按在节疤上推料。刨旧料时必须将铁钉、泥沙等清理干净。

（17）严禁刨削尺寸短小的木料，以防止意外的发生；任何人员都不允许站在木料的进料端，以防止飞出的木料伤人。

（18）对于厚（高）度大于100mm的木料不允许两根以上同时进行刨削，对于厚（高）度小于100mm的木料，几根同时进行刨削时其总宽度不得超过120mm。

（19）保证无人看管的情况下设备不允许运转，做到人走、电断、设备停。

（七）平刨床的日常维护与保养

1. 每班要求

清扫和擦拭机床并给调整部位上润滑油；检查机床安全设置是否可靠，工作台是否平直稳固，刀轴转动是否正常，刀片装夹是否正常可靠，有无损坏，工作台、靠板调整是否灵活，电器是否完好，接地是否可靠，电机运转是否正常，皮带连接是否可靠，皮带松紧度是否合适；开机后，检查刀轴转动是否平稳，轴承座温度是否正常，轴承温度超过60℃要停机检查。

2. 每工作600h要求

检查皮带是否磨损，若损坏应更换并调整松紧度；擦拭电机风扇和罩；刀轴轴承更换润滑脂；工作台滑道上润滑脂。

四、任 务 实 施

（1）因为加工规格为780mm×60mm×60mm，所以选择手动轻型平刨床MB503即可加工。

（2）检查刀具的锋利程度，锋利程度不够修磨时要更换刀具。

（3）依据平刨床的调试方法调整前、后工作台面，保证设备单次加工量为2mm。

（4）调整侧靠尺，使其与工作台面呈90°。

（5）待全部调整好后进行机床检查。检查机床调整是否合适，安全装置是否牢固，刀轴转动是否正常。检查无误后，开启机床。

（6）平刨床开机后待刀轴转速正常后再送料。

（7）开始加工操作时，先加工第一个基准面，加工好以后再加工相邻的基准面。加工过程按加工操作注意事项进行，加工后检查质量，确认达到质量要求后加工结束。关闭设备电源。

（8）待刀具完全停止旋转后，清理设备卫生。

五、知 识 拓 展

平刨床加工常见缺陷的产生原因与解决办法见表3-2。

表 3-2　　　　　　　**平刨床加工常见缺陷的产生原因与解决办法**

缺陷名称	产生原因	解决办法
加工表面不平	刀轴轴承磨损产生振动	更换轴承
	前后工作台不平直	请专业人员调平工作台
加工表面有缺口和凹陷	戗茬加工	顺纹理加工
	有节疤	减小吃刀量
加工表面起毛有沟痕	刀刃磨钝，有豁口	修磨刀片
	戗茬加工	顺纹理加工
加工表面有不同长度波浪	刀刃不在同一回转圆柱表面	调整各刀片刃口在同一圆柱表面
	轴承磨损	更换轴承
扫尾	刀刃切削母线高于后工作台面	正确安装刀片，使刀刃切削母线与后工作台面相切
啃头	刀刃切削母线低于后工作台面	正确安装刀片，使刀刃切削母线与后工作台面相切

六、作业与思考

1. 平刨床结构由哪几个部分组成？
2. 平刨床的调整有哪些要求？
3. 平刨床加工中工件啃头和扫尾的原因及解决办法是什么？
4. 平刨床的安全操作规程主要有哪些内容？

任务 2　压刨床的调试与操作

一、学 习 目 标

（一）知识目标

1. 掌握压刨床的类型与用途；
2. 掌握压刨床的基本结构与组成；
3. 掌握压刨床的安全操作规程。

（二）能力目标

1. 具备能正确调整压刨床的能力；
2. 具备正确处理压刨床加工常见质量问题的能力；
3. 具备压刨床日常维护和保养的能力。

二、任 务 描 述

为沈阳华天木业定制生产一批桌腿料，上工序已经将毛料的基准面加工好，现送入我工序进行相对面定厚加工。材质：樟子松；规格：780mm×56mm×56mm 干燥毛料；加工要求：利用压刨床对两个基准面相对面进行加工，加工后净料规格为：780mm×（52±0.5）mm×（52±0.5）mm，相邻被加工表面成直角。

三、相 关 知 识

（一）压刨床的分类与特点

1. 压刨床的分类

按加工面数量分为单面压刨床和双面压刨床。

单面压刨床按加工宽度分为：窄型压刨床、中型压刨床、宽型压刨床和特宽型压刨床。窄型压刨床加工宽度为 250～350mm；中型压刨床加工宽度为 400～700mm；宽型压刨床加工宽度为 800～1200mm；特宽型压刨床加工宽度可达 1800mm。

双面压刨床按刀轴分布位置可分为平压刨床工艺系统（即先平刨后压刨）和压平刨床工艺系统（即先压刨后平刨）。

2. 压刨床的用途和加工特点

（1）单面压刨床的用途和加工特点　单面压刨床用于将板方材刨切为一定的厚度，加工特点是被加工平面是加工基准面的相对面。

（2）双面压刨床的用途和加工特点　双面压刨床主要用于同时对木材工件的两个面进行加工。经双面压刨床加工后的工件可以获得等厚的几何尺寸和两个相对的光整平面。被加工工件表面的平直度主要取决于双面压刨床本身的精度和上道工序的加工精度。

（二）单面压刨床

单面压刨床如图 3 – 7 所示。

1. 单面压刨床的结构

单面压刨床由切削机构、工作台和工作台升降机构、压紧机构、进给机构、传动机构、床身和操纵机构等部分组成。

图 3 – 8 所示是单面压刨床的典型结构与工艺。在工作台 2 上装有两个支承辊 3，在支承辊筒的上方装有前进给辊 4 和后出料辊 5。有些压刨床上、下辊筒都是驱动辊筒，因此，进给牵引力较大。前进给辊 4 带有牙齿，为保护已加工表面，后进给辊为光滑辊筒。为了使进给辊筒压向工件产生牵引力，采用压紧弹簧 6 压紧。在刀轴 7 的前、后装有压紧元件，前压紧器 8 一般做成板形的，有时做成可绕销轴 9 转动的罩形结构。前压紧器的作用是在刨刀离开木材处壅积

图 3 – 7　单面压刨床 MB106D

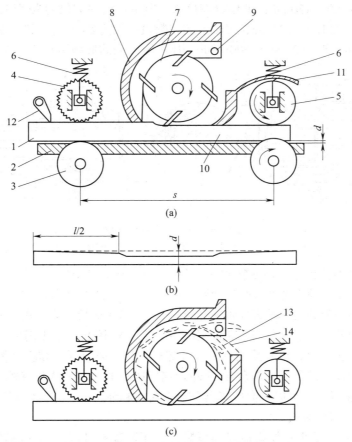

图 3 – 8　单面压刨床的典型结构图与工艺图

（a）结构 I　（b）工艺　（c）结构 II

1—工件　2—工作台　3—下支承辊　4—前进给辊　5—后出料辊　6—压紧弹簧　7—刀轴
8—前压紧器　9—销轴　10—后压紧器　11、14—挡板　12—止逆器　13—切屑

切屑，防止木材超前开裂，并起压紧工件防止其跳动的作用，抵消木材铣削时的垂直方向的分力，引导切屑向操作人员相反方向排出，起切削刀轴的护罩作用。后压紧器 10 用于压紧工件并防止木屑落到已加工表面上，被进给辊筒压入已加工表面而擦伤加工表面。挡板 11 用于防止切屑 13 从上面落到后压紧器和后出料辊之间的已加工表面上，否则，切屑会经后出料辊在已加工表面上压出压痕，影响加工表面质量。刀轴刨切深度一般控制在 1 ~ 5mm，正常情况取 2 ~ 3mm。刨切深度的大小对工件厚度尺寸精度影响很大。下支撑辊适当高出工作台面，以减少工件和工作台面间的摩擦阻力。但如果下辊筒高出量大，而被加工工件的刚性较好，则被加工过的工件表面就会成为如图 3 - 8 (b) 所示形状，而达不到平面精度要求。工件的两端将比中间高出辊筒凸出工作台面高度值 d，而较厚端头的长度是两下辊筒距离的一半（$l/2$）。此外，过高的凸出量还会使工件在加工中产生振动，影响加工质量。切屑落到旋转刀轴和后压紧器之间也会破坏加工表面。旋转刨刀带动切屑压向已加工表面，使表面产生压痕。因此，有些机床上安装有挡屑挡板 14。为了保证良好的加工质量和表面粗糙度，还应该正确地确定工件进给速度、刀片刃磨质量以及压紧元件的压紧力，并使工件在加工过程中处于稳定状态。为了防止工件在进给方向上反弹，设有止逆器 12，起安全保护作用。

刀轴的长度和机床工作台宽度相适应，一般为 300 ~ 1800mm。工作台宽度在 600mm 以下时，刀轴直径为 80 ~ 130mm；工作台宽度在 1200mm 时，刀轴直径为 160mm；对更宽的压刨床，刀轴直径为 180 ~ 200mm，刀轴上装刀数量一般为 2 ~ 6 片，绝大多数机床采用圆柱形刀轴。刀轴转速一般为 3000 ~ 7500r/min。压刨床刀轴的典型结构如图 3 - 9 所示。

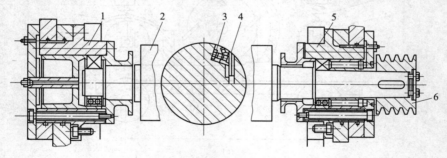

图 3 - 9　压刨床刀轴的结构

1、5—轴承座　2—刀轴　3—刀片紧固螺钉　4—刀片　6—皮带轮

机床工作台宽度是机床主要参数之一，长度一般在 800 ~ 1400mm。在工作台上开有两个长方形孔，以便安装下支撑辊并使其凸出台面。为了适应不同厚度工件的加工，工作台设有垂直升降机构，可以沿一对或两对垂直导轨做升降调节。工作台升降可以采用丝杠螺母机构，也可以是移动楔块式机构，后者能保证较高的移动精度，一般用在重型压刨床或新式中型压刨床上。在一些新型压刨床上，也有采用一个丝杠螺母机构，以及圆柱和垂直复合导轨导向的结构。这种结构既紧凑又能保证工作台有较好的刚度和稳定性，使机床具有较高的加工精度。

按压紧器的加压方式可以将前压紧器分为重荷式和弹簧式；按压紧器唇口的结构，又可以将其分为整体式和分段式。

图 3 - 10 (a) 所示为整体重荷式前压紧器。压紧罩 5 可以绕轴 6 翻转，罩唇 1 借助罩的重量压在工件上。当加工两个不同厚度的工件时，为使罩唇能够倾斜，在压紧罩两耳转孔处要有很大的垂直间隙（达 10mm）。唇口对木材的单位压力一般为 0.1 ~ 0.25MPa。当唇口加压面宽为 0.5 ~ 1cm 且加工工件和工作台等宽时，作用在工件上的单位压力不超过 0.2 ~

0.5MPa；当加工工件宽度小于工作台宽度时，则按工作台全宽来调整，单位压力不超过0.25MPa。手柄3用于换刀时翻转压紧罩，螺钉2用于调节唇口的初始高度，重块4用来调节对木材工件的压紧力。这种整体罩式前压紧器的优点是结构简单、用途广。一般适用于产量小的窄型刨床。其缺点是如果同时进给不同厚度的工件时，压紧器只能同时压紧两根工件，同时送进的工件超过两根后，会出现未被压紧的工件。

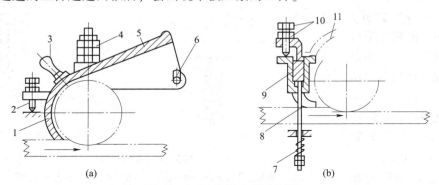

图3-10　整体罩式前压紧器

（a）整体重荷式前压紧器　（b）整体弹簧式前压紧器

1—罩唇　2—螺钉　3—手柄　4—重块　5—压紧罩　6—轴　7—弹簧　8—唇口　9—导槽　10—螺钉　11—导向防护罩

　　图3-10（b）为整体弹簧式前压紧器。具有整体唇口8的压紧器两端安置在导槽9中，拉杆穿过导向槽，上端和压紧器相连，下端装有压缩弹簧7，使唇口压向木材。压力的大小可以用螺母调节。螺钉10用于调节唇口的初始高度。加工过程中，当工件厚度变化时，压紧器在导向槽内作垂直移动。这种压紧器借助其在导向槽内的倾斜只能压紧两根较厚的工件，第三根工件可能不被压紧。为了引导切屑飞出，旋转的刀轴还需要设置附加导向防护罩11。

　　分段式前压紧器是一种较完善的前压紧器。在这种结构中，唇口由20～50mm宽的窄段组成。每个小唇口都由单独的弹簧压紧。图3-11（a）所示是分段弹簧式前压紧器的示意图。钢质小唇口1可以绕铸铁压紧罩3上的销轴2转动，弹簧5用于压紧小唇口，转动调压螺钉4可以调节弹簧的压力。图3-11（b）是另一种分段弹簧式前压紧器。导向槽7固定不动，小唇口6由弹簧8压紧，弹簧的压紧程度用调压螺钉9调节。国产MB106、MB106A等压刨床均采用这种前压紧器。

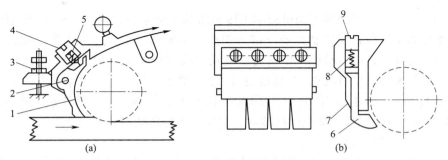

图3-11　分段式前压紧器

（a）分段弹簧式前压紧器Ⅰ　（b）分段弹簧式前压紧器Ⅱ

1、6—唇口　2—销轴　3—压紧罩　4、9—调压螺钉　5、8—弹簧　7—导向槽

　　后压紧器用于对工件已加工表面的压紧，防止工件跳动。因后压紧器压向工件时，工件已具有较均匀的厚度，所以后压紧器一般均采用整体式的，并由弹簧来调节对工件的压紧力。图

3－12（a）是弹簧安装在工作台下方的后压紧器。压紧器端头凸耳3安装在导向槽2内，拉杆4上面穿过导向槽与凸耳相连，下面穿过支撑挡板5装有弹簧6，由调压螺母7调节弹簧的压力，压紧器唇口初始高度位置由调高螺钉1调节。图3－12（b）为弹簧安装在工作台上方的后压紧器。螺母9、10均可用于调节弹簧4的压力和调节压紧元件凸耳5的高度位置。在这两种结

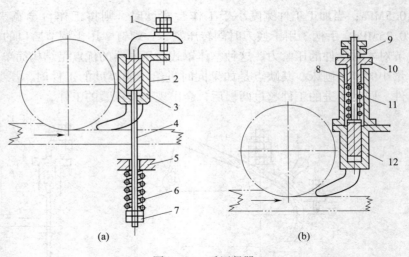

图3－12 后压紧器
（a）弹簧在工作台下方的后压紧器 （b）弹簧在工作台上方的后压紧器
1—调高螺钉 2、8—导向槽 3、12—凸耳 4—拉杆 5—支撑挡板
6、11—弹簧 7—调压螺母 9、10—螺母

构中，前者是将调压和调位分开，结构松散，后者是将调压和调位组合起来，结构较紧凑。上述结构，在国产压刨床上均有采用。在一些压刨床上，为了避免前、后压紧器唇口因工件厚度的变化而跳动，导致与高速旋转的刀轴碰撞，将前、后压紧器做成和刀轴同轴转动式的结构。

压刨床的进给机构一般采用2~4个进给辊筒进给。它们被安置在刀轴的前后，前进给辊筒带有网纹或沟槽，后进给辊筒为光滑或包覆橡胶的圆柱体，前、后进给辊筒间距一般为：窄型压刨床200mm，中型压刨床400mm，宽型压刨床500mm。前、后进给辊筒的中心距决定了压刨床可加工工件的最小长度尺寸。进给辊筒的直径一般为80~150mm，辊筒对木材的牵引力由进给辊筒上弹簧的压紧产生。前进给辊筒分为整体式和分段式两种。整体式进给辊筒最多只能同时进给两根工件，为了能同时进给具有一定厚度误差的两根以上的工件，提高机床生产率，在绝大多数机床上前进给辊筒均采用分段式，如图3－13所示。

图3－14所示，为MB106A型单面木工压刨床的传动系统，它主要由主切削传动系统、进给传动系统和工作台升降传动系统三部分组成。主电动机1通过传动带2驱动刀轴3转动，实现切削运动；进给电动机4依次通过链式无级变速器5、圆柱齿轮传动6、传动链7带动前进给辊筒8和后出料辊9，实现进给运动；工作台升降电动机10，经传动带11、传动链12、蜗杆传动13带动工作台15的升降丝杠14转动，实现工作台的快速升降运动。转动手轮16通过传动链、蜗杆传动使丝杠转动，实现工作台高度的精确调节。

2. 单面压刨床的调整

在单面压刨床上加工的工件应预先经平刨床精确刨平，使压刨床加工有较好的基准面。否则，在单面压刨床上就很难得到精确的厚度。为了压刨床能正常的进给，被加工工件厚度允差不得超过4~5mm。在加工工件窄边时，如果其宽度能保证在加工过程中有足够的稳定性，可以同宽面加工时一样进行。计算和实验表明，当工件厚度宽度比不超过1∶8时，可以保证工件具有足够的稳定性。如果低于这个比例，则只能几根并排一起通过机床加工。

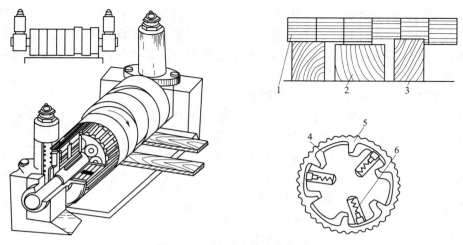

图 3 – 13　分段式前进给辊筒

1—进给辊　2—工件　3—工作台　4—芯轴　5—弹性套　6—弹簧

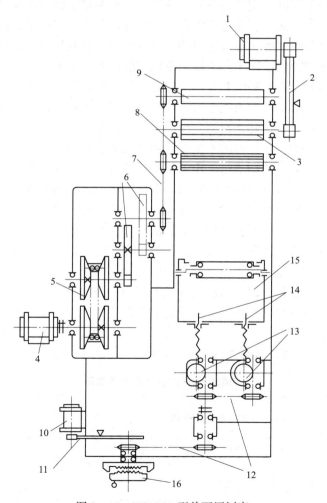

图 3 – 14　MB106A 型单面压刨床

1、4、10—电动机　2、11—传动带　3—刀轴　5—锥盘无级变速器　6—圆柱齿轮传动

7、12—传动链　8—前进给辊筒　9—后出料辊　13—蜗杆传动　14—丝杠　15—工作台　16—手轮

单面压刨床的调整主要有以下几项内容：① 前后压紧器、前后进给辊筒相对刀轴切削圆或工作台平面的位置调整；② 刀轴或刀轴上切削刃平行于工作台的调整；③ 工作台不同高度位置水平度的调整；④ 前后压紧器和前后进给辊筒压紧力的调整；⑤ 工作台几何精度的检测与调整。

前后压紧器和前后进给辊筒与刀轴切削圆下母线的相对位置，如图 3 - 15 所示。前进给辊筒和前压紧器最低点自由状态时应比刀轴刀齿切削母线最低点低 1 ~ 2mm。下支承辊筒应比工作台面高 0.1 ~ 0.2mm，只有加工厚度尺寸较大而未经平刨床加工的工件时，允许下支承辊筒的高出量可达 0.3 ~ 0.5mm。后压紧器和后出料辊筒最低点自由状态时应比刀齿切削母线最低点低 0.5 ~ 1mm。

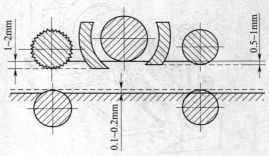

图 3 - 15 相对位置调整示意图

切削刃对刀轴的平行度可用专用对刀器校准。简单调整时也可用校准板，调整时将校准板安放在刀轴下的工作台面上，升起工作台，使校准板与某一刀刃轻轻接触，然后用手转动刀轴并调整其余刀刃与校准板接触，这一调整应分别在刀轴两端进行，调整后将刀片固定。

在工作台与刀轴平行的情况下，工作台不同高度位置水平度的调整是检验工作台升降机构的运动精度。检测时可将水平仪放置在工作台中间，慢慢升起工作台，并每间隔一定距离停住工作台，检查工作台上水平仪气泡的偏移程度，工作台从最低点升至最高点后，再从最高点降到最低点，以检验工作台各不同高度位置上的偏移量，通过调节工作台下部与升降丝杠连接处调节螺栓，以调节工作台的水平度，调整完毕后用锁紧螺母将工作台锁紧。

前、后压紧器的压紧力的调节可以用弹簧的压缩程度来调整。压紧力过小易导致工件跳动，影响加工质量，压紧力太大则产生较大的摩擦阻力，使进料困难且引起某些零部件过度磨损。压紧力的大小最好用测力仪检验，使其与计算所需的压紧力相符合。

前、后进给辊筒的压紧力调整也可用试验法，即先调整前、后进给辊筒使其具有不大的压紧力，用试件测试其进料情况，如果试件打滑，说明前、后进给辊筒压紧力不足，则应加大压紧力再测试，这样反复进行，直至压力调整到合适为止。

工作台几何精度需定期检测，目的是检测工作台的磨损情况，检测内容主要是工作台的平面度。检测时，应用直尺和塞规在工作台的纵横两个方向上测量工作台的平面度，以确定工作台是否需要修整。

3. 单面压刨床的主要技术参数（见表 3 - 3）

表 3 - 3   单面压刨床的主要技术参数表

主要技术参数 \ 型号	MB103	MB106	MB106A	S63	SX - 500	SX - 400	T500
最大铣削宽度/mm	300	600	600	630	500	400	500
最大加工厚度/mm	120	100	200	235	295	295	240
最小铣削长度/mm	200	100	290	280	263	263	—
刀轴转数/（r/min）	4000	4250	6000	5500	5000	5000	4500
刀片数目/个	2	4	4	4	4	4	4

续表

型号 主要技术参数	MB103	MB106	MB106A	S63	SX – 500	SX – 400	T500
铣刀直径/mm	80	125	128	120	100	100	120
进给速度/（m/min）	8	10，20	7～32	6，9，12，18	9～18	9～18	6～18
进给辊筒直径/mm	60	125	90	85	—	—	—
功率/kW	2.8	7.5	7.25	7.5	5.5	4.0	5.6
自重/kg	400	1000	1200	1035	780	700	600

（三）双面压刨床

双面压刨床如图 3 – 16 所示。

1．双面压刨床的组成

双面压刨床（见图 3 – 17）由床身 1、工作台 2、减速器 3、上水平刀轴 4 与进给辊 5、主轴电机 6、工作台升降机构 7、电器控制装置 8、下水平刀轴及电动机、前进给机构 9、前进给摆动机构 10 等组成。

床身是由铸铁制成的整体零件，床身内部合理布置了两侧筋板和水平隔板，以保证床身加载后有足够的刚性。床身的上部设有排屑除尘用的排屑罩。

图 3 – 16　双面压刨床外形图

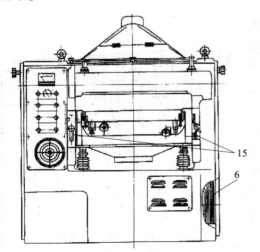
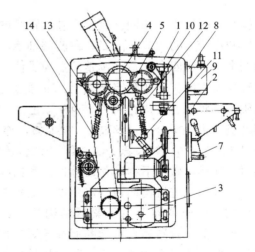

图 3 – 17　MB206D 双面压刨床的结构

1—床身　2—工作台　3—减速器　4—上水平刀轴　5—进给辊　6—电动机　7—工作台升降机构
8—电器控制装置　9—前进给机构　10—前进给摆动机构　11、12、13、14—进给辊压力调整机构　15—指示器

工作台及下水平切削机构的结构如图 3 – 18 所示，工作台由前工作台 4 和后工作台 13 组成，前、后工作台间可调节的最大垂直距离为 5mm（即下水平刀轴最大切削用量），前、后工作台垂直方向的调节由安装在偏心轴 5 上的手柄 3 来完成。为了下水平刀轴换刀方便，当手柄松开时，前工作台可向进给方向相反的方向移动一段距离。换刀工作完毕后或前工作台的高度调整完毕后应把手柄锁紧，才可开始切削加工。后工作台内装有两个下支撑辊 12，

前工作台内装有一个下进给辊筒，其凸出工作台面的高度值由手轮 1、2 来调整。为保证工件的加工精度，后工作台装有锁紧手柄，切削加工时，应将手柄锁紧。

上工作机构（见图 3 – 18）包括前进给机构、上水平刀轴、前压紧器、压紧板。前进给机构由支架 8、分段进给辊筒 6、止逆器 7 等主要部件组成。前进给辊筒 10 与后出料辊 11

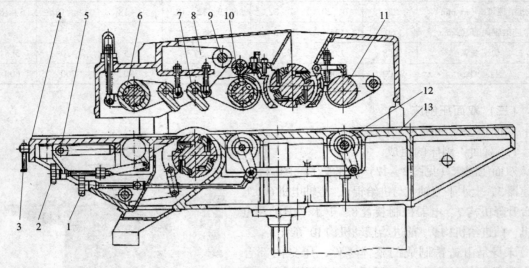

图 3 – 18　双面压刨床切削机构

1、2—手轮　3—手柄　4—前工作台　5—偏心轴　6—分段式进给辊　7—止逆器
8—支架　9—轴　10—前进给辊筒　11—后出料辊　12—下支承辊　13—后工作台

结构与单面压刨床相同，前、后进给辊筒的初始位置和进给力的调节是由安装在两端轴承座下面的四个拉杆和四个弹簧来调整的。为了使上水平刀轴换刀方便，支架固定在轴上，轴通过进给摆动机构（见图 3 – 19）可回转 45°以上。前进给摆动机构由轴承座 1、丝杠 2、摇杆 3、连杆 4、螺母 5、支座 6、偏心套 7、轴 8 等组成。丝杠转动时，使螺母做上下移动，通过连杆和摇杆使轴转动，并使前进机构回转一定角度。上水平刀轴的结构、前压紧器及后压紧器结构与压刨床相同。整个前压紧器靠自重起断屑和压紧作用，其初始位置由螺钉来调整。后压紧器初始位置用螺母的调整位置来保证。

MB206D 型双面压刨床的传动系统如图 3 – 20 所示。上水平刀轴由额定功率为 7.5kW、转速为 2920r/min 的三相异步电动机通过 V 带驱动，使主轴转速达到 5000r/min。下水平刀轴由额定功率为 4kW、转速为 2920r/min 的三相异步电动机通过 V 带驱动，主轴转速也是 5000r/min。

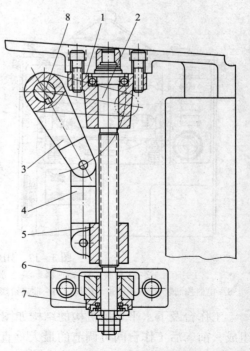

图 3 – 19　MB206D 双面压刨床前进给摆动机构

1—轴承座　2—丝杠　3—摇杆　4—连杆
5—螺母　6—支座　7—偏心套　8—轴

进给运动是由功率为1.5kW，转速为1500r/min的直流电动机经可控硅调速系统和两级齿轮减速机构变速后，再经链传动带动进给辊筒。进给辊筒进给速度的范围为 7～32m/min。工作台的升降机构由功率为0.37kW，转速为1350r/min的电动机经 V 带、锥齿轮、链轮、蜗杆蜗轮带动工作台升降丝杠，也可通过微调手轮，对工作台的高度作精确调整。

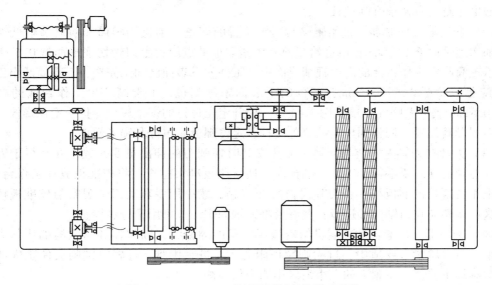

图 3-20　MB206D 型双面压刨床的传动系统

2．双面压刨床的主要技术参数见（表 3-4）

表 3-4　　　　　　　　　　　　　双面压刨床的主要技术参数

主要技术参数 \ 型号	MB204	MB206	MB206D
最大铣削宽度/mm	400	600	600
最大铣削厚度/mm	140	100	200
最大铣削长度/mm	230	200	300
刀轴转数/（r/min）	4500	4250，2880	5000
刀片数目/个	2	4	4
进给速度/（m/min）	7.5～15	10～20	7～32
功率/kW	11.5	11.5	13
自重/kg	800	1250	1600

3．双面压刨床的调整

机床加工质量的好坏、生产率的高低，与机床的制造精度、工作稳定性、刀轴转数、进给速度、刀具磨损情况、机床的日常维护等因素有关，同时机床是否已正确调整，对提高工件的加工质量也非常重要。

（1）工作台调整　工作台调整时，首先将工作台降至规定的加工尺寸之下，然后启动工作台上升电动机或转动升降手轮，使工作台由下上升，当指针或读数器接近规定值

（50mm）时，通过微调手轮调整到规定的值，该值就是工作台要达到的尺寸，调好后用锁紧装置锁紧。

以后工作台面为基准，调下水平刀齿切削面与后工作台平齐。前工作台低于后工作台的差值即为下水平刀的吃刀量。进行工作台面歪斜的调整时，首先用水平尺检查工作台水平度，如果歪斜，应调整升降丝杠。

（2）断屑器、压紧器、进给辊筒与刀轴位置的调整　前进给辊筒和断屑器最低点应比上刀轴切削平面低 1～2mm；后进给辊筒和压紧器最低点应比上刀轴切削平面低 0.5～1mm；下支承辊筒凸出工作台面的高度视情况而定；工件的下表面已加工完毕，下辊筒凸出工作台面的高度一般在 0.1～0.2mm，工件的下表面未刨削过，下辊筒凸出工作台面的高度为 0.3～0.4mm 或再大些（见前文图 3-15）。松开定位螺钉的锁紧螺母，拧松定位螺栓，并用百分表测量其位置，调整到规定的位置后拧紧定位螺栓后再拧紧锁紧螺母。

（3）刀片在刀轴上安装与调整　刀片安装时切削刃的伸出量要一致，并平行于刀轴的轴线，刀轴的轴线要平行于工作台的台面，通常用校准板检查，将校准板放在工作台面上，升起工作台直至校准板与一个刀片尺口轻轻接触，然后用手转动刀轴观察与校准板接触情况，这一调整应在刀轴两端进行，调好后将刀轴固定。也可用千分表检查。

（4）断屑器、压紧器和前后进给辊筒压紧程度的调整　断屑器和压紧器的压紧力通过弹簧来调节。压紧力要适中，过大则摩擦阻力大，进料困难，过轻时刨削会使工件产生跳动，影响加工质量。压紧力的大小最好用测力仪检测。

进给辊筒的压紧力可用试验法进行，即用试件测试进给情况，如果工件打滑，说明压紧力不够，适当加大压紧力再测试，直到能顺利地驱动工件进给即可。

（5）进料速度的调整　进料速度可视被加工材料的软硬、含水率、表面粗糙度的要求决定。如果工件是硬杂材，经过干燥，刨削宽的拼板，表面粗糙度要求较严，进给速度可以慢些，反之可以快些。

（四）压刨床安全操作规程

（1）开机前必须检查并确保刀具安装牢固可靠；

（2）禁止加工长度小于 250mm 的木料；

（3）禁止任何人站在进料木材的正后方；

（4）刨削长度 500mm 以下木料时严禁戴手套；

（5）安装更换刀具必须等设备完全停稳后再进行；

（6）禁止将手伸入正在运转的设备；

（7）在木料进料受阻时，严禁用砸击木料的方法强迫进料；

（8）每次加工的刨削量不得超过 3mm；

（9）严禁在机器工作时降下工作台；

（10）工作时，严禁打开止逆器；

（11）在加工前，应检查并去掉木材上的铁钉类硬物；

（12）禁止刨削具有较大死节的木料；

（13）发现故障，及时停车检查。

（五）压刨床的日常维护与保养

（1）每班按照压刨床安全操作规程检查维护；

（2）每班对链传动和齿轮传动机构清理、润滑；

（3）轴承采用高温润滑脂润滑，每三个月打开清洗换油一次。

四、任 务 实 施

（一）单面压刨床

因为所加工工件规格为780mm×56mm×56mm，所以选择轻型单面压刨床MB106；按正确方法调整单面压刨床，单次加工量取2mm；开机前检查机床调整是否到位，刀轴转动是否正常，安全装置是否可靠；开机后待刀轴转速正常后再进料，工件要平放在工作台上，基准面朝下，顺纹理进料，分几次加工直至规格尺寸要求。

（二）双面压刨床

因为所加工工件规格为780mm×56mm×56mm，所以选择轻型双面压刨床MB206；按正确方法调整双面压刨床，单次加工量下刀取2mm，上刀取2mm；开机前检查机床调整是否到位，刀轴转动是否正常，安全装置是否可靠；开机后待刀轴转速正常后再进料，工件要平放在工作台上，基准面朝下，顺纹理进料，一次加工成规格尺寸要求。

五、知 识 拓 展

压刨床常见加工缺陷的产生原因与解决办法如表3－5所示。

表3－5 压刨床常见加工缺陷的产生原因与解决办法

缺陷名称	产生原因	解决方法
工件表面不平	支撑辊凸出工作台过高；压紧机构调的过高；轴承磨损	正确调整支承辊高度；正确调整压紧机构的高度；更换轴承
工件宽度方向厚度不一	刀刃伸出量不一致；刀刃不平行于工作台；工作台不平直	正确安装刀片；校准工作台平直
工件表面有压痕，进给困难	进给辊、压紧器调得过低；切屑落到已加工表面	正确调整进给辊、压紧器高度；更换排屑装置
工件不进给	工件弯曲度过大，超过5mm	剔除，用平刨床刨平

六、作业与思考

1. 单面压刨床、双面压刨床的加工特点有哪些？
2. 单面压刨床、双面压刨床调整有哪些要求？
3. 压刨床的整体式压紧器和分段式压紧器有哪些优缺点？

任务3　四面刨床的调试与操作

一、学 习 目 标

（一）知识目标

1. 掌握四面刨床的类型与用途；

2．掌握四面刨床的基本结构与组成；

3．掌握四面刨床的安全操作规程。

（二）能力目标

1．具备能正确调整四面刨床的能力；

2．具备正确处理四面刨床加工常见质量问题的能力；

3．具备对四面刨床日常维护和保养的能力；

4．能够利用四面刨床进行木制品的加工。

二、任 务 描 述

用轻型（四轴）四面刨床将规格为 500mm×60mm×25mm 的优选毛料加工成规格为 500mm×（55±0.2）mm×（22±0.2）mm 的四面刨光料，以作后续集成材的加工。

三、相 关 知 识

四面刨床是家具厂、地板厂、集成材厂等木制品生产最常用到的木工机械，利用四面刨床可以对工件进行四面刨光，也可以安装型刀将实木板方材铣成型材。例如板材的四面刨光、地板成型等产品加工。四面刨床的最大优点就是生产效率高，加工出的零件精度高，使用安全可靠，非常适合于大批量生产加工。

（一）四面刨床的分类

四面刨床以其生产能力、刀轴数量、进给速度以及机床的切削加工功率进行分类，一般可分为轻型、中型、重型四面刨床。衡量四面刨床生产能力大小的主参数是被加工工件的最大宽度尺寸。除此以外，刀轴数量、进给速度和切削功率也在一定程度上反映了机床的生产能力。

1．轻型四面刨床

一般有四根刀轴，加工工件的宽度为 20～180mm，刀轴的布置方式和顺序为下水平刀轴、左右垂直刀轴和上水平刀轴，左垂直刀轴和上水平刀轴可以相对右垂直刀轴和下水平刀轴进行移动调整。

2．中型四面刨床

一般有五根或六根刀轴，加工工件的宽度为 20～230mm，五刀轴四面刨床前四根刀轴的布置方式和顺序与四刀轴四面刨床相同，一般第五刀轴用作成型铣削加工，可以 360°旋转调节，可在任意方向上对进给的木料进行切削加工。六刀轴四面刨床是在五刀轴四面刨床的基础上，在所有刀轴的最前面再加一个下水平刀轴，对被加工工件两次下水平面的加工，以使工件有一个较好的加工基准，保证加工精度。

3．重型四面刨床

一般指有七根或八根刀轴、加工工件宽度为 200mm 以上的四面刨床。七根或八根刀轴四面刨床多是以六刀轴四面刨床为基础改进而成，但最后两根刀轴的相对变化较多，其主要目的是加工高精度的基准面和成型面，一般情况是在六刀轴四面刨床的最后端加一个旋转刀轴而成七刀轴四面刨床，以两根可旋转调节的刀轴进行较复杂成型面的加工，或仍设置一个旋转刀轴，再加一个垂直刀轴，用第三根垂直刀轴作成型面加工。八刀轴四面刨床一般的布置方式和顺序为两上、两下、三垂直和一个旋转刀轴，或两下、两上、两个垂直和两个旋转刀轴，用以加工较大尺寸的成型面或进行精确的截面形状尺寸加工。

少数重型四面刨床的最后端还装有刮刀箱或砂光辊，其目的同样是为获得更精确的尺寸和截面形状高精度的产品。

（二）四面刨床选用原则和适合的加工工艺范围

1. 选用原则

选择四面刨床时，无非是选择刀轴的数目和各刀轴之间的调整位置，一般应根据被加工工件的形状、批量、进料时的定位、加工基准的确定和工件通过刀轴的方便程度等因素来选用。由于使用的环境、被加工工件种类的变化，选用四面刨床并无确定的原则。在选用机床时，要考虑一个主要的加工方向，兼顾其他方向的加工要求，统筹安排，全面考虑技术要求和资本投入，合理地选用某一形式的机床，以满足最多的工艺加工需要，最小的费用支出，最简捷方便的操作、维护为原则。

（1）根据被加工工件要求的截面形状，确定刀轴的数目 四面刨床刀轴的数量决定了机床的加工能力，主要决定了机床可加工工件的截面形状。一般情况下，规则截面形状的工件用四刀轴四面刨床加工即可以满足要求。一个面为型面，另外三个面为平面工件可用五刀轴四面刨床加工，其中最后一个刀轴最好为可旋转调节的刀轴。复杂截面形状工件的加工，如包括开榫槽、榫头和两个平面，或装饰装修用的线条型面，要求用七刀轴或八刀轴四面刨床加工。

（2）根据可能加工批量选择机床的加工能力 机床的加工能力主要取决于机床的进料速度、刀轴转速和切削功率。

一般情况下，当进料速度高时，切削量，即切削的宽度和厚度要小，刀轴的转速要增加。当进料速度低时，切削量可以适当增加，刀轴的转速可相应降低，以满足电动机功率的要求。但转速不可太低，否则将影响加工表面质量。在机械强度和刚度允许的范围内，机床刀轴的转速越高，加工表面的质量越好。

（3）根据被加工工件的尺寸规格和精度要求确定机床刀轴间的相互位置和进料方式 四面刨床可以加工工件的最大宽度尺寸是机床的主参数，工件的截面尺寸、宽和高（厚）决定了四面刨床上、下水平刀轴和左、右垂直刀轴之间调节的极限范围，以及刀轴的调节定位精度。一般情况下，机床各刀轴不应处于其可调节范围的极限位置，应当留有一定的余量，否则将影响加工的精度。进料方式不同会影响机床加工时工件的定位和压紧，从而影响工件的加工精度。通常情况下，薄而长的刚度较差的工件，进料机构的各压紧辊的压紧力要小，而压紧辊相应地要多。短方材等刚度好的工件，进料机构的各压紧辊压力可大，压紧辊也可相应地减少。

（4）考虑工艺范围 以一种产品为主，兼顾开发其他的产品，尽可能地选择工艺范围可以扩展的机床，以便于企业今后发展的需要。

2. 适合的加工工艺范围

轻型四面刨床用于加工刚度较好、较短的方材或厚宽比小于1/4的板材。在原料长度小于1m时，毛料可以直接经四面刨床加工，也可以用于规格板材、方材的开槽、开榫加工。

中型四面刨床用于规则截面形状的方材或成型面的加工，五刀轴四面刨床可以加工一个成型面，六刀轴四面刨床主要用于精度要求高的平面或成型面加工。六个刀轴中，最前端的两个下水平刀轴的两次加工，主要是为提高定位基准精度。

重型四面刨床分两种情况：一种是加工简单截面形状，加工精度和表面粗糙度要求较低的、长度尺寸较大的工件。这类工艺加工的进给速度很高（100～200m/min），加工用量大，机床的功率大，可以使原料经一次切削加工即达到要求，如车厢板等。另一种是高精度、表面光洁的复杂成型面的精确加工。此类加工的进给速度不高，但刀轴转速高（6000～9000r/min），加工用量不大。机床上有一个或两个刀轴可以360°旋转调节，有三四个刀轴是用于型面加工，如线型、企口地板等。因为四面刨的调整工作量大，辅助工作时间长，四面刨床选用原则和适合的工艺范围中，最值得重视的一点是四面刨床作为一种适合于大批量加工的机床，如果某种被加工工件的数量不够一定的批量，使用四面刨床加工生产，在经济上是不合理的。

（三）四面刨床的结构

四面刨床外形如图3－21所示。

1. 基本结构

四面刨床主要由床身、工作台、切削机构、压紧机构及操纵机构等组成，外形如图3－21所示，结构如图3－22所示。机床有七个刀头：下水平刀头5和9、上水平刀头4、右垂直刀头6和8、左垂直刀头7以及万能（可旋转调节）刀头3。工件在前工作台10上，靠向导尺11由进料辊筒推送，依次通过下水平、右垂直、左垂直、右垂直、上水平、下水平刀头及万能刀头；最后由出料台1出料。在某些机床上，为了提高加工精度，在第一下水平刀头前还加有预平刨刀头。它预加工基准面，即在工件底面加工出沟槽，作为后面平刨的基准面。

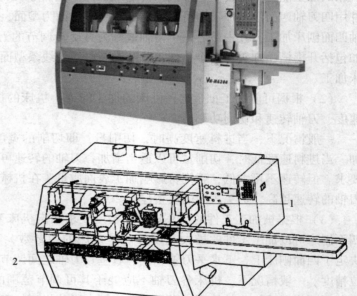

图3－21　四面刨床外形图

1—电气操控面板　2—手动操控面板

2. 切削机构

四面刨床可以同时加工工件四个表面，并可加工出各种不同形状的成型表面。切削刀轴较多，一般为4～10根，最普遍的为6～7根。根据不同的加工要求可选用不同的刀轴数目。刀轴布局也各不相同。如图3－23所示为各种不同的刀轴布局方案，有4～7轴。在某些机床上增设了预平刨床刀头，可以保证获得精确的加工表面。

（1）第一下水平刀头　也叫预平刨刀头，用于加工辅助基准面，此基准面不是平面而是齿槽表面，铣刀把工件表面加工出槽口。再以此为基准进行加工。

（2）第二下水平刀头　装在预平刨刀头后面，加工出带槽表面作为下基准面，故该下水平刀头加工出的基准面精度较高。刀轴直径125mm，刀轴可在高度方向和侧向进行调整。

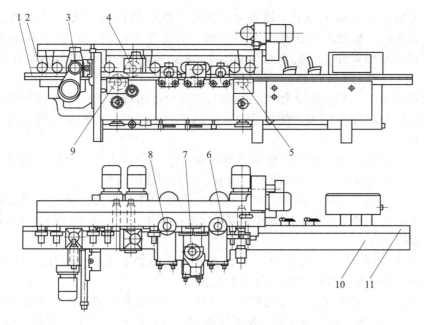

图 3 - 22　四面刨床结构图

1—出料台　2—出料辊筒　3—万能刀头（第七刀）　4—上水平刀头（第五刀）

5、9—下水平刀头（第一刀和第六刀）　6、8—右垂直刀头（第二刀和第四刀）

7—左垂直刀头（第三刀）　10—前工作台　11—导尺

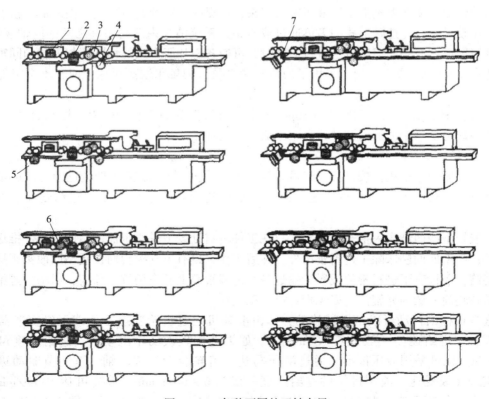

图 3 - 23　各种不同的刀轴布局

1—右垂直刀头　2—左垂直刀头　3、6—上水平刀头　4、5—下水平刀头　7—万能刀头

（3）右垂直刀头　用于加工工件右侧基准面，故称为边刨刀头。工件经过平刨床刀头和右垂直刀头后，即获得互相垂直的基准面，后续工序即可以此两个基准面加工出所要求的高质量的精确零件。刀头直径为 90～180mm，该刀轴可用调整丝杠作垂直和侧向调整。

（4）左垂直刀头　刀轴直径为 90～180mm，刀轴可用调整丝杠作垂直和侧向调整。侧向调整可使直径为 125mm 的刀具加工最大宽度的工件。经过该刀头加工可保证工件宽度或得到成型表面。

（5）第二右垂直刀头　此刀头常作成型面加工。刀头可作垂直和侧向调整，相对于第一右垂直刀，它的调整量即为工件的加工余量，要求精确的调整。

（6）上水平刀头　它是按压刨方式加工的，故称为压刨刀头，通过此刀头加工保证工件厚度或形成上成型表面。当该刀头改装成锯片进行锯切时，刀轴下面的工作台就要留有锯槽，以保证锯透工件。

（7）第三下水平刀头　用于加工下成型表面或修整下表面。适用刀具直径为 90～180mm，用调整手轮可对刀轴作侧向和高度调整。

（8）万能刀头　它能安装铣刀或锯片，可作为辅助的上水平刀头、下水平刀头或左垂直刀头使用，并可在 90°范围内倾斜，加工斜面和企口等。它可以在垂直方向和水平方向上调整。

四面刨床刀头由电动机通过带传动驱动，转速一般为 6000r/min 左右。为了快速准确调刀，可采用直刀或成型刀的安装器。

新型四面刨床在刀轴上采用液压夹紧刀头，可提高刀轴的旋转精度，提高加工精度，减少机床振动和噪声。这种形式的刀体通过液压夹紧系统消除内孔与刀轴之间的同轴度误差，将这种刀体放在专用的刃磨机上进行刃磨时，可使各刀片所形成的切削圆与刀轴的同轴度误差保持在 0.005mm 以下。由于采用了液压夹紧系统，刀轴重装到机床上时，不会降低安装精度。

意大利 SCM 公司的四面刨床（Superset 23）还配备有数字显示、程序控制的多刀刀轴。在几秒内即可从一个成型面调整为另一个成型面的加工。

3. 进给机构

四面刨床的进给机构按进给方式可分为：① 机械进给；② 液压推送进给。按进给元件可分为三种形式：① 上进给辊筒进给；② 上、下进给辊筒进给；③ 上进给辊筒、下履带进给。

一般轻型四面刨床为推送式进给，只在工件进料处设上进给辊筒，后面的工件推送前面的工件；中型四面刨床除了进料辊筒外，在后工作台设有下支撑辊筒；重型四面刨床除了上进料辊筒，还设有下进料辊筒或履带输送带。进料辊筒上开有槽纹或牙齿，以增加进给牵引力，出料辊筒一般为光辊筒，以免损坏已加工表面。

进料机构的传动可以是机械传动，即由电动机通过齿轮变速箱（或无级变速器）传至辊筒轴，进给速度一般为 6～30m/min。如果选用较大功率电动机，进给速度可高达60m/min。也可采用液压传动，通过液压马达、齿轮装置、传动轴、万向节驱动进料辊筒，实现无级变速。液压进给的进给速度一般为 6～60m/min，最高可达 100m/min。图 3－24 所示为四面刨床进料机构的进给辊筒传动机构。图 3－25 所示为进给辊筒的锥盘无级变速器。

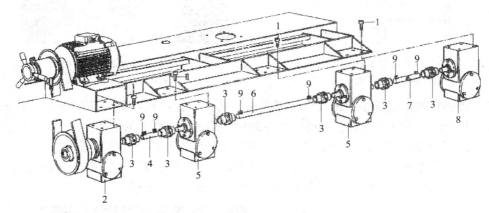

图 3 - 24　进给辊筒的传动机构
1—螺钉　2、5、8—减速器及进给辊筒　3—联轴器　4、6、7—连轴杆　9—键

除此之外，还可以将进给辊筒改装成可倾斜进料机构，与水平方向倾斜旋转 30°送料，加工非方形零件。

进给辊筒的压紧力可以采用弹簧加压，也可采用气压压紧，应保证当工件厚度不同时能顺利通过，又有足够的压紧力。

国外某些新型四面刨床采用了水平方向加力式进料机构。靠水平推力推送工件，大大减少了垂直压力，从而减少了毛坯的变形，图 3 - 26 所示为这种进给辊筒进给时，弯曲零件在加工过程中的形状，它们不会因垂直压力过大而被压平，从而保证了加工质量。在加工过程中为了使工件平直，安置了上下两个校正辊筒，工件通过这两个辊筒后即被校直。

4．压紧机构

四面刨床的压紧机构由以下几部分组成：

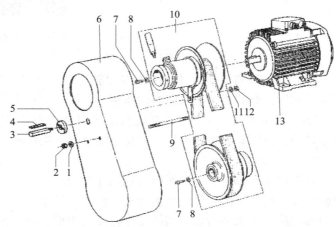

图 3 - 25　进给辊筒的锥盘无级变速器
1、2、3、4、5、7、8、9、11、12—防护罩连接件
6—防护罩　10—无级变速器　13—电动机

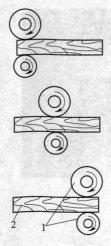

图 3-26　辊筒进给工件形状
1—进给辊筒　2—工件

图 3-27　四面刨床进给机构
1—压力辊轮　2—进给辊筒

（1）弹簧压紧的进给辊筒或气压压紧的进给辊筒　这种机构能对不同厚度工件施加稳定压力，其中还装有调整弹簧，高度可单独调整以满足某些加工的需要，如图 3-27 所示。

（2）压紧辊轮　在进给辊筒之间还有辅助压紧辊轮以保证足够的压紧力。

（3）侧向压紧辊轮　侧向压紧器 1 压向工件 2，使工件沿着进料导尺 5 进给到右垂直刀头 4，加工后的表面靠向后导尺 3 以保证加工精度，如图 3-28 所示。

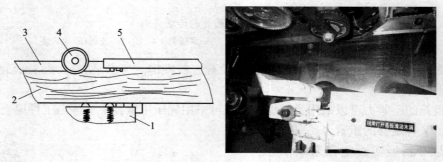

图 3-28　四面刨床侧压紧机构
1—侧压紧辊轮　2—工件　3—后导尺　4—右垂直刀头　5—前导尺

（4）压板装置　压板装在上水平刀轴之后，既起压紧作用又起导向作用。可采用弹簧或气压加压，有的机床也采用刚性压板。如图 3-29 所示。

（5）前压紧器　每个刀头都装有防护罩和吸尘口，上水平刀头及左垂直刀头的前面装有压紧块，起压紧和断屑作用，故又称断屑器。采用弹簧或气压压紧，如图 3-30 所示。

5. 工作台及导尺

四面刨床工作台分前工作台（进料工作台）、后工作台及出料工作台。为了保证下水平刀轴的加工精度，前工作台多为加长工作台，长度可达 2~2.5m，可作垂直调整。将第一水平刀轴和第二下水平刀轴之间的工作台做成槽形，则工作台既起支撑作用又起导向作用，如图 3-31 所示。预平刨床刀轴上安装一组硬质合金镶齿刀片，分别嵌入工作台导板的槽口中，加工出带有沟槽的工件与后工作台的槽形导板相配合，使工件获得良好的导向，从而保证加工精度。在机床的出口处上水平刀头的后面安装有出料工作台，它一般不需调整。

图3-29 四面刨床压板
1—压板 2—上水平刀罩 3—出料辊筒

图3-30 四面刨床左垂直刀机构
1—前压紧器 2—左垂直刀头

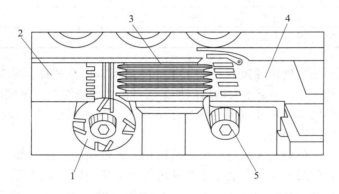

图3-31 四面刨床工作台
1—下水平刀轴 2—后槽形导板 3—中槽形工作台 4—前工作台 5—调整手轮

前工作台右侧装有前导尺,作为工件侧面的导向,它可以在水平方向调整。出料台的右边装有后导尺,在侧向压紧器的作用下工件总是紧靠导尺,以便加工高精度的工件。

6. 操控机构

四面刨床有电气控制机构和手动控制系统,分别由电气操控面板和手动操控面板操作。电气操控面板有电源开关、急停按钮、进给辊筒升降可进给开关、各刀轴开启开关及调速、调压表,手动操控面板有各刀轴的上下和左右移动手柄及锁紧手柄。

(四) 四面刨床主要技术参数

四面刨床主要技术参数如表3-6所示。

表3-6 　　　　　　　　　　四面刨床主要技术参数

主要技术参数 型号	mb 402	Profimat 23ec	HPC-008A	P 230	Superset 23
最大加工宽度/mm	200	230	150	230	230
最大加工厚度/mm	80	125	100	120	125
刀轴转数/(r/min)	5000	6000	—	6000	6000

续表

主要技术参数 \ 型号	mb 402	Profimat 23ec	HPC – 008A	P 230	Superset 23
刀头直径/mm	—	125	—	100 ~ 200	125
刀轴数目/个	—	5	—	6	7
进给速度/（m/min）	7 ~ 32	5 ~ 25	6 ~ 12	5 ~ 50	5 ~ 35
工作台长度/mm	—	2000	—	2000	2500
最小工件长度/mm	—	150	—	200	150
第一轴功率/kW	4	5.5	5.6	3	4
第二轴功率/kW	4	5	3.7	3	4
第三轴功率/kW	5.5	5	3.7	3	4
第四轴功率/kW	5.5	7.5	5.6	4	5.5
第五轴功率/kW		5.5	—	5.5	7.5
第六轴功率/kW				3	5.5
进给电动机功率/kW	1.5	4	3.7		4

（1）可加工工件的宽度尺寸范围　加工工件的最大宽度是四面刨床的主参数，它体现的是机床的加工生产能力，决定于刀轴切削加工工件的宽度或左右刀轴间调节范围。

（2）可加工工件的厚度尺寸范围　体现了上水平刀轴相对于工作台面的调节高度范围和左、右刀轴的垂直调节范围。

（3）可加工最小工件的长度尺寸　由进给机构压紧辊间的最短距离所决定。

（4）进给工作台的最大长度　决定了保证可靠加工精度的工件最大长度。

（5）刀轴的轴径和可装铣刀外径　决定了配置铣刀的技术参数和机床上应留有的工作空间，同时也决定了工件通过的方便程度。

（6）刀轴的转速和电动机的功率　决定了加工时切削用量的大小和最可靠的加工能力。

（五）四面刨床的调整

1. 刀具拆装

用配套扳手按正确方向松开刀轴紧固螺母（注意正反扣），双手将刀具端平，轻轻转动，取出刀具；检查刀具是否完好，如有磨损，要修磨或更换新刀具；装刀时，要根据刀具大小，选好装夹套圈，根据加工的位置装刀，组合刀具可通过加减垫片调整刀齿间距，调好后将刀具装到刀轴合适的位置上，最后将专用夹套装上，锁紧螺母。

2. 第一下水平刀的调节

（1）高度（垂直）调整　如图 3 – 32 所示，以后工作台 4 为基准调整第一下水平刀 6，使刀齿切削母线与后工作台面相切。先松开机床前脸下方操作板上对应锁紧手柄，再用专用扳手转动对应的调节手柄，刀轴即做上下移动。将调刀尺水平放

图 3 – 32　高度调整示意图

1—丝杠　2—锁紧螺栓　3—小靠板　4—后工作台

5—修边刀　6—第一下水平刀

置在后工作台上，用手逆时针转动刀轴，当感觉到刀刃和调刀尺轻微摩擦时即调节好，最后锁紧手柄。注意：为消除螺纹间隙，各刀轴高度调节时，均须从下向上升，到位后锁紧，下调时先下调过量，再上升至需要高度。

（2）水平调节　见图3-32，先松开锁紧螺栓2，转动丝杠1，刀轴即做横向移动，用调刀尺靠在小靠板3上，用手转动刀轴，当修边刀5与调刀尺感觉到轻微的摩擦接触时，则修边刀与小靠板平齐，已调节好，最后锁紧螺栓。当机床无小靠板时，则不用装修边刀。

（3）第一下水平刀吃刀量的调节　松开手柄1的锁紧，向前推动，使前工作台3向下移动，低于后工作台1.5~2mm即为第一下水平刀吃刀量，最后锁紧手柄。如图3-33所示。

3. 右垂直刀的调整（见图3-34）

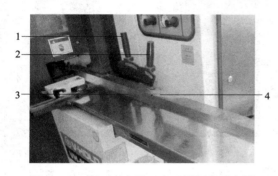

图3-33　第一下水平刀吃刀量调节示意图
1—前工作台调整手柄　2—前导板调整手柄
3—前工作台　4—前导板

图3-34　右垂直刀调整示意图
1—刀体　2—后导向板　3—小靠板
4—前导板　5—后工作台

（1）右立刀轴水平调节　以右立刀后导向板2为基准，使刀齿切削母线与后靠尺相切。松开机床前脸下方操作板上右立刀轴，左右移动对应锁紧手柄，转动对应调节手柄，则右立刀左右移动，把调刀尺靠在后导向板，用手逆时针转动刀轴，感到刀刃与调刀尺轻微摩擦时，则位置调好；如果是铣型刀，则切削母线直径最小处与调刀尺轻微摩擦，即调好。最后用锁紧手柄锁紧刀轴。

（2）右立刀垂直调节　松开机床前脸下方操作板上对应锁紧手柄，转动对应调节手柄，刀轴便可上下移动，把刀具调整到合适的位置。如果是铣型刀，则型刀最低点与后工作台一平，最后用锁紧手柄锁紧刀轴。

（3）右立刀吃刀量的调节　松开并推动手柄2（见前文图3-33），前导向板4可左右移动，使其向右移动，低于右立刀后导向板的差值即为右立刀吃刀量，不大于2mm。如有小靠尺，调节前导向板与小靠板左右距离。小靠板低于右立刀后导向板距离0.5mm（出厂调好）。当无小靠板时，直接调节前导向板与后导向板，左右偏距即为吃刀量，此时，则不用装修边刀，最后锁紧手柄。

4. 左垂直刀轴的调整（见图3-35）

（1）左立刀后导尺调节　以左立刀1切削母线为基准，使左立刀后导尺2与左立刀切削母线相切。把调刀尺靠在左立刀后导尺，松开后导尺左右移动锁紧螺丝，移动后导尺，使调刀尺向左立刀靠近，逆时针转动刀轴，当刀齿与调刀尺轻微摩擦时即调好，如果左立刀为型刀，则以左立刀切削母线直径最小的刀齿为基准调整，最后锁紧后导尺螺丝。

（2）左立刀前压紧器的调节　以调好的左立刀后导尺为基准，松开左立刀前压紧器4的移动锁紧螺丝，移动前压紧器使其高出后导尺2~3mm（视左立刀的加工量而定），调好后锁紧。

（3）左立刀垂直调整　松开机床前脸下方操作板上对应锁紧手柄，转动对应调节手柄，左立刀便上下移动到合适位置，如果是铣型刀，则型刀最低点调到与后工作台3一平，最后锁紧手柄。

（4）左立刀水平调整　松开机床前脸下方操作板上对应锁紧手柄，转动对应调节手柄，左立刀则水平移动，调节手柄上面表尺显示的数值，即加工后工件宽度参考值，最后锁紧刀轴。

5. 上水平刀的调整（见图3-36）

图3-35　左垂直刀轴调整示意图
1—左立刀　2—后导尺　3—后工作台　4—前压紧器

图3-36　上水平刀调整
1—手柄　2—水平刀　3—后压板　4—前压紧器

（1）上水平刀头后压板的调节　松开后压板3的垂直移动锁紧，以水平刀2的切削母线为基准，垂直移动后压板，使后压板与刀具切削母线相切，调好后锁紧后压板。

（2）上水平刀头前压紧器的调节　转动前压紧器4垂直移动控制手柄，以刀具切削母线为基准，垂直移动前压紧器，使其低于刀具切削母线0.5~1mm（视上水平刀加工量而定）。

（3）上水平刀水平、垂直调节　松开刀轴右侧锁紧螺栓，转动调节手柄1，则刀轴水平移动到合适位置，调好后锁紧螺栓；松开机床前脸下方操作板上对应锁紧手柄，转动对应的调节手柄，刀轴可垂直移动，调节手柄上面表尺的数值即加工后工件厚度参考值，调好后锁紧刀轴。

6. 第二右垂直刀和第二下水平刀用来进行型面加工

第二右垂直刀前后导尺不动且平行，只是刀头做垂直移动，型刀最低点与工作台一平，水平移动，刀齿向左偏出导尺的宽度即为加工量；第二下水平刀前后工作台不动且平行，刀头上下移动，刀齿高出工作台的高度即为加工量，水平移动，型刀最右端与导尺一齐，最后锁紧刀轴。

7. 送料辊轮调节（见图3-37）

送料辊轮1可以在轴上移动，一般要让其压在工件2中部，以提高加工质量。每个送料辊轮可单独垂直调节，松开气缸杆下螺母，转动气缸杆即可。注意，前送料辊（牙辊）齿压入木料深度应小于上水平刀轴的吃刀量，以保证光

图3-37　送料辊轮调节示意图
1—送料辊轮　2—工件

洁度。把木料放在进料辊下部，打开两个急停开关，左手按住仓门控制按钮，右手按进料装置下降按钮，使进料辊的牙辊压入木料 1～2mm。

（六）四面刨床安全操作规程

（1）操作者须戴保护眼镜、面罩、听力保护品等劳动保护用品，并且不得穿太宽松的衣服，不得戴手表、首饰，长发必须束于帽内。保持工作场地的整洁、卫生，堆放物品不得影响操作者的视线，不得占用通道。

（2）严禁触动机器运转中或没有完全停止运转的零部件，严禁在机器运转时或没有完全停止运转时拆卸机器上的任何零部件。

（3）机器的安全保护装置若有故障时应立即修复或排除，严禁启动安全保护装置不完好的机器。

（4）选择适合工件宽度的进料轮宽度，调节好进料轮的高度和适当的压力。

（5）开机前必须对机器各润滑点进行润滑。

（6）机床必须有可靠的接地（在配电箱内有接地端子标志）。机床在维修、调整、安装刀具前必须切断电源，使所有运转件完全停止，由专业人员进行，电气系统的工作必须由电工进行。

（7）启动前必须全面检查各刀轴、导轨、各个调整部位是否锁紧，刀片是否松动，手动检查各刀轴是否旋转自如，确定无误方可开机。

（8）加工的木料中不得有铁钉、沙石等硬物。

（9）机器运转及没有完全停止动作时，操作者严禁离开工作岗位。机器工作台及其他台面不得放置其他物品。机器各部位每班班后应清除灰尘，电箱内每周除尘一次（由电工进行）。

（10）每班开机后请空转无级变速机构手柄高速、低速挡多次，以防止生锈。停机时严禁转动该手柄。

（11）注意电机声音及运转情况，防止缺相运行，若有不正常情况时，立即停机，找电工检修。

（12）注意刀轴的平衡状态，严禁刀轴安装没有经过平衡的刀具。

（13）严禁站立在正送入机器的木料前端。当使用锯片将木料分切时，必须自行加装防木料反冲（后退）装置，以防木料飞出伤人。在加工过程中，不得上调送料辊，否则工件有可能反弹飞出。所有刀具切削方向与木料前进方向相反，不得自行变更，否则木料有可能飞出伤人。

（14）贴于机器上的有关安全标志、操作提示等要注意清洁保护，待模糊不清时须更新。

（七）四面刨床的日常维护与保养

1. 四面刨床常见故障及排除方法（见表 3－7）

表 3－7   常见故障及排除方法

故障现象	故障原因或排除方法
不能送料或送料辊送料时中途停止或不畅	① 检查电路及电机 ② 检查变速器开合皮带轮是否工作正常 ③ 检查送料减速机平键是否脱落 ④ 检查方向节是否弯曲断裂 ⑤ 检查送料辊压力和压料深度是否正确

续表

故障现象	故障原因或排除方法
整个送料机构不升降	① 检查升降限位开关是否接通，电机是否缺相 ② 检查升降减速机平键是否脱落 ③ 检查升降螺母是否磨损 ④ 送料梁碰到上刀轴座限位开关，将上刀轴下降少许即可
噪声大	① 检查轴承是否损坏 ② 检查装刀是否正确
电动机不启动，启动有怪声	① 电动机过载 ② 电动机缺相运转 ③ 继电器故障

2. 机床的润滑（见表 3 – 8）

表 3 – 8　　　　　　　　　　　　机床各部位润滑

润滑部位	推荐润滑油品种	润滑周期
各主轴筒外径	机油 N46	三班一次
水平轴升降丝杠、螺丝母	机油 N46	三班一次
水平轴升降导轨	机油 N46	三班一次
立轴升降丝杠、螺丝母	机油 N46	一周一次
立轴升降推力轴承	钙基脂 ZG – 3	六个月一次
立轴进退后丝杠、螺丝母	机油 N46	一周一次
立轴导轨	机油 N46	三班一次
立轴进退推力轴承	钙基脂 ZG – 3	三个月一次
前导向板连杆轴	机油 N46	三班一次
送料升降立柱	机油 N46	三班一次
送料升降蜗轮箱	工业齿轮油 N460	一年一次
送料减速机	工业齿轮油 N460	4000h 一次
送料辊筒销轴	机油 N46	一班两次
左立刀前压板销轴	机油 N46	一班一次
上水平轴前压板销轴	机油 N46	一班一次
上水平轴后压板导轨	机油 N46	一班一次

四、任 务 实 施

（一）任务分析

因为加工的产品是用作集成材的加工原料，产品只要求四面规方就能满足要求，所以用普通的轻型四面刨床就可以加工。选择 4 ~ 5 轴普通四面刨，铣刀选用整体焊接式铣刀。

（二）机床调试

按正确的调整方法将所用的四面刨床调好，下水平刀加工量为1mm，上水平刀加工量为2mm，右立刀加工量为2mm，左立刀加工量为3mm。

（三）加工操作

先检查机床各刀轴铣刀是否安装牢固，调整是否到位，安全防护是否牢靠。开启进给辊，调整进给速度，使进给速度适当（8～12m/min）。注意，只有在进给辊运转时才可以调速。逐个开启刀轴，待刀轴运转正常后再送料。送料时，注意工件宽面的凹面朝下放在前工作台上，窄面的凹面朝右靠在前靠尺进料。

试加工一件产品，检验该产品是否达到要求，依据检验结果继续调整机床，直至产品合格方可批量加工，加工过程中要定期抽查产品质量，避免出现大量废品。

五、知 识 拓 展

第一下水平刀、右立刀、左立刀、上水平刀头加工的产品分别发生啃头、扫尾缺陷的原因及解决方法：

（1）第一下水平刀

原因：工件底面啃头，刀轴切削母线低于后工作台；工件底面扫尾，刀轴切削母线高于后工作台。

解决：以后工作台为基准，调整刀轴切削母线使之与后工作台平齐。

（2）右立刀

原因：工件右立面啃头，刀轴切削母线向右低于后靠尺；工件右立面扫尾，刀轴切削母线向左高出后靠尺。

解决：以后靠尺为基准，调整刀轴切削母线使之与后靠尺平齐。

（3）左立刀

啃头原因：工件左立面啃头，左立刀的前断屑器向左高于刀轴切削母线。

解决：以刀刃切削母线为基准，调整前断屑器，使前断屑器向右低于刀刃切削母线2～3mm。

扫尾原因：工件左立面扫尾，左立刀的后导尺向左高于刀轴切削母线。

解决：以刀轴切削母线为基准调整后导尺使后导尺与刀轴切削母线平齐。

（4）上水平刀

啃头原因：工件上表面啃头，上水平刀的前断屑器高于刀轴切削母线。

解决：以刀刃切削母线为基准，调整前断屑器，使前断屑器低于刀刃切削母线0.5～1mm。

扫尾原因：工件上表面扫尾，上水平刀的后压板高于刀轴切削母线。

解决：以刀轴切削母线为基准，调整后压板，使后压板与刀轴切削母线平齐或略低。

六、作业与思考

1. 四面刨床的分类及如何选择四面刨床？
2. 四面刨床下水平刀、左右立刀、上水平刀的调整有哪些要求？
3. 简述四面刨床下水平刀、左右立刀、上水平刀加工过程中产品出现啃头和扫尾缺陷的原因及解决办法。

4. 使用四面刨床将规格为宽 98mm、厚 21mm 的干燥锯材加工成图 3−38 所示形状的地板料。如何选择四面刨床类型，并调试和操作？

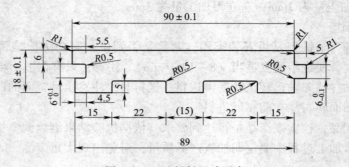

图 3−38　地板料尺寸要求

模块四　铣削加工设备

任务1　立铣的调试与操作

一、学习目标

（一）知识目标
1. 掌握立铣的类型与用途；
2. 掌握常用立铣的基本结构与组成；
3. 掌握立铣的安全操作规程。

（二）能力目标
1. 具备能正确调整立轴铣床的能力；
2. 具备正确处理立铣加工常见质量问题的能力；
3. 具备立铣日常维护和保养的能力。

二、任务描述

用单轴立铣将规格为：1200mm×603mm×20mm的桌面板一个长边加工成如图4-1所示形状，要求形面平滑，加工后规格尺寸为1200mm×600mm×20mm。

三、相关知识

（一）立铣的特点与分类
1. 立铣的特点

立铣是一种多功能木材切削加工设备，在铣床上可以完成各种不同的加工。主要对工件进行平面、直线、曲线外轮廓、成型、仿型等铣削加工，此外，还可以进行锯解、开榫、裁口等加工。

2. 立铣的分类

立铣分类，按进给方式分手工进给和机械进给铣床；按主轴数目分单轴和双轴铣床；按主轴位置分上轴和下轴、立式和卧式铣床等。立铣中以单轴立式下轴立铣应用较为广泛，除用手工进给方式外，也采用机械进给方式。图4-2所示为主要类型铣床工作原理及制品简图。

（二）手工进给立式铣床
这类立铣有单轴和双轴两种，其中单轴

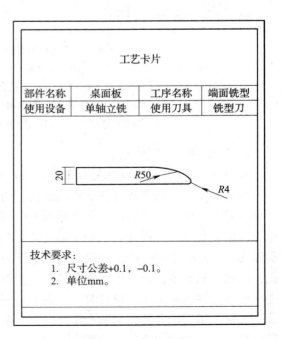

图4-1　工艺卡片

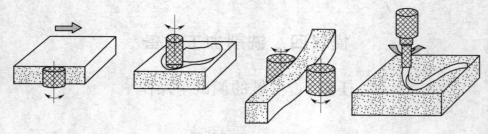

图 4 - 2　铣床工作原理及制品简图

使用普遍。MX5110 型单轴立铣以其加工范围广、性能优良被广泛应用于各木材加工企业。图 4 - 3 所示为 MX5110 型单轴立铣的结构示意图。这种铣床主要用于加工工件的各种沟槽、平面和曲线外形，又可应用于方材的端头开榫头、拼板的榫槽、榫簧的加工、木框外缘型面加工等。

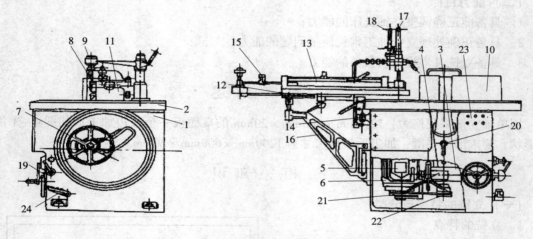

图 4 - 3　MX5110 型单轴立式铣床结构示意图

1—床身　2—工作台　3—主轴　4—主轴套筒　5—双速电动机　6—张紧机构　7—升降手轮
8—套轴　9—主轴支架　10—导板　11—安全护罩　12—活动工作台　13—靠板　14—导轨
15—限位器　16—托架　17—压紧器　18—侧向夹紧器　19—主轴倾斜手轮
20—主轴制动机构　21、22—传动带塔轮　23—电气按钮　24—刹车踏板

1. MX5110 型单轴立铣

MX5110 型单轴立式铣床结构如图4 - 3所示。

床身 1 是用铸铁制成的整体箱式结构，用于安装机床零部件。工作台 2 为整体铸铁矩形平板，固定在床身上。台面上装有导板 10、安全护罩 11，用以调节铣削深度和兼做排屑口；此外，还装有带有可拆卸轴承的主轴支架 9，轴承套装于主轴伸出的套装柄端部，使主轴在重型加工时运转平稳，能承受较大的侧向压力。床身上部与工作台中心相对应处开有长圆形孔，以便主轴套装柄伸出于工作台面上，主轴与床身的长圆孔之间用可伸缩的帆布罩封住，这样即使主轴调整至倾斜位置时，杂物和切屑等不能落入床身内。

主轴 3 用轴承套装在主轴套筒 4 内，主轴套筒套装在主轴托架的座孔内，其外圆上的梯形螺纹与座孔内的带有锥齿圈的螺母相配合。升降时，放松升降锁紧手柄，转动升降手轮

7，经锥齿轮传动，使带有锥齿圈的螺母转动，主轴套筒在主轴托架的座孔内上下移动，实现主轴的升降。需倾斜时，主轴托架上部通过半圆形的"V"形导槽，扣装在与床身固连的圆弧导轨上，下部通过丝杠螺母机构与主轴倾斜手轮19相连。转动主轴倾斜手轮，通过丝杠螺母机构推动主轴托架沿圆弧导轨转动，从而调节主轴的倾角。其角度值可在刻度盘上读出，调整好后用锁紧手柄锁紧。

　　主轴的传动双速电动机5用支座安装在主轴套筒的下端，其上的传动带塔轮21与主轴尾端传动带塔轮22构成传动带塔轮变速机构，使机床获得六种速度（2880r/min、3880r/min、4860r/min、5760r/min、7760r/min、9612r/min），以适应不同加工工艺的需要。张紧机构6用于张紧传动带并实现变速。

　　活动工作台用于板材、方材端头的开榫，其结构如图4-4所示。活动工作台在托架23的支撑下，可沿圆柱导轨16水平移动。活动工作台上装有零件侧向基准的导向板8、压紧器10、侧向压紧器9和零件长度尺寸的限位器4。活动工作台末端装有两根支架轴3和后托板1，用于加工长零件，保证加工质量。

　　底架7背面的右端装有两个轴承座13。每个轴承座上以偏心套安装两个单列向心轴承，这两个轴承的轴心线的夹角为90°，并以其外圈作为支承滚轮安装在上圆柱导轨上。固装在底架上的下滚轮支架21装有下轴承滚轮17，安装在圆柱导轨16的下方，这种结构避免了活动工作台向上移动或脱轨，并能保证工作台移动轻快。底架的左端是由托架支承的，托架通过销轴20和支座18连接于床身上。支承轴27的上

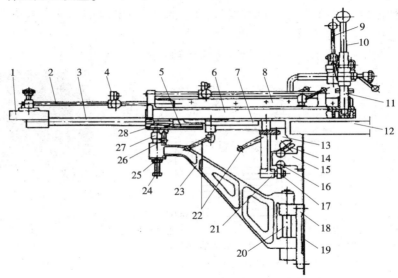

图4-4　MX5110单轴立铣活动工作台结构示意图

1—后托板　2—圆柱形导轨　3—支架轴　4—限位器　5—导轨　6—活动工作台
7—底架　8—导向板　9—侧向压紧器　10—压紧器　11—导柱　12—固定工作台
13—轴承座　14—上轴承滚轮　15—导轨支座　16—圆柱导轨　17—下轴承滚轮
18—支座　19—座身　20—销轴　21—下滚轮支架　22—锁紧手柄
23—托架　24—锁紧螺钉　25—螺母　26—支架轴锁紧手柄
27—支承轴　28—滚轮

部安装两个滚轮28，从左右卡在底架的导轨5上。支承轴与托架采用滚动轴承配合结构，用螺母25调整支承轴的高度即可调整活动工作台的水平度。安装时要求活动工作台相对固定工作台工作面的平行度在1m长度上不大于0.3mm（包括沿着导轨方向的平行度和垂直导轨方向的平行度）。

　　MX5110型单轴立铣也可在工作台上安装自动进料器，从而实现机械进给。

　　2. 双轴铣床

　　立式铣床除立式单轴铣床外，还有立式双轴铣床，其中以固定的双轴铣床应用较多，图

4-5 所示为手工进给的双轴立铣结构与外形图。

机床具有两个中心距不可调的刀轴左旋刀轴 4 和右旋刀轴 7。加工时，手持装夹有工件的样板，紧靠挡环 8，首先通过右旋刀轴铣削工件的前端，此时为逆向铣削；当加工工件接近尾端时，可迅速转移至左旋刀轴继续进行铣削加工，此时为顺向铣削，有效地防止了工件两端在铣削加工中出现的崩裂现象，保证了较高的加工质量。此外，该机床还可在工作台滑槽中安装导板 5，导板可沿滑槽左右移动调节，用作单刀轴纵向铣削时的工件导向。

（三）机械进给立式铣床

手工进给立式铣床不仅生产率低、工人的劳动强度大，而且也不安全，仅适用于单件或批量较小时的生产。对成批生产应采用机械进给的专用立式铣床。

机械进给立式铣床有自动进料器、链条进给装置和回转工作台进给装置等形式。选择何种形式，主要依据是工件的外形和加工尺寸。对直线形工件且沿着导轨进给的工件，一般选用辊筒、滚轮或履带自动进料器，从工件上面、侧面或端部压紧，实现进给。对于加工单面曲线工件或双面曲线工件，可以采用单滚轮装在单轴铣床上，或双滚轮装在双轴铣床上。这两种进给装置都采用单独电动机，通过减速器驱动工件运动实现进给。

1. 自动进给器进给

图 4-6 所示为自动进给器进给单轴立式铣床 MX5117B。

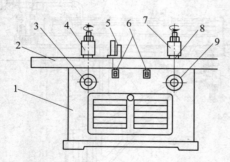 

图 4-5　手工进给双轴立铣结构示意图
1—床身　2—工作台　3、9—手轮
4—左旋刀轴　5—导板　6—电气开关
7—右旋刀轴　8—挡环

图 4-6　自动进给器进给
单轴立式铣床 MX5117B

采用自动进料器时，可以是履带自动进料器，也可以是辊筒或滚轮自动进料器。图4-7所示为橡胶滚轮式自动进料器结构示意图，有三个滚轮 10，由单独的电动机 2，通过减速器带动滚轮回转，将工件 9 压向导板 7，并沿着导向尺和工作台 8 进给经铣刀进行加工。该进料器可加工工件厚度为 10～100mm，宽度为 30mm，进料速度为 18～25m/min，电动机功率为 0.8kW。

2. 链条进给装置

图 4-8 所示为链条进给装置的立铣

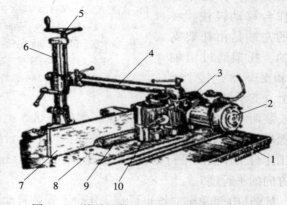

图 4-7　橡胶滚轮式自动进料器结构示意图
1—外壳　2—电动机　3—减速器　4—支承杆　5—手轮
6—立柱　7—导板　8—工作台　9—工件　10—滚轮

结构图，主要用于模板仿型加工。链条进给装置由链轮及传动系统、链条、压紧轮和压紧弹簧组成，进给速度为 5～15m/min，由单独电动机驱动。

电动机 1 经减速器 2、齿轮和链条传动，驱动与主轴同心的链轮 3 旋转；弹簧将压紧滚轮 4 紧靠样板 6 的表面，使链轮与样板外围上的链条始终相啮合。由于样板被压紧滚轮压紧，当链轮转动时，带动安装在样板上的工件通过刀轴 7 实现机械进给。利用踏板使压紧滚轮放松，则样板与链轮脱开，机构便停止进给。

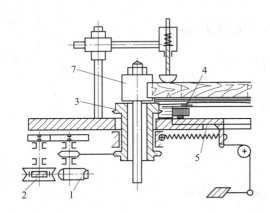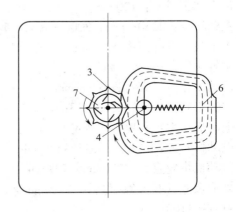

图 4 - 8　具有链条进给装置的立铣结构图

1—电动机　2—减速器　3—链轮　4—压紧滚轮　5—活动架　6—样板　7—刀轴

3. 回转工作台进给装置

如图 4 - 9 所示为回转工作台进给铣床工作原理图。在回转工作台 1 上固定模板 2，工件 3 安放在模板上；刀轴 4 和支承挡环 5 装在滑枕 6 的前端，滑枕在压紧机构作用下，使支承挡环紧靠模板的曲线外缘上，随着工作台的回转，工件被铣削加工。工作台上分加工区和非加工区，在非加工区装卸工件。由于回转工作台上可以安装各种模板，所以这种立铣也属于仿型加工设备。这种立铣有单铣刀轴、双铣刀轴和双铣刀轴与砂磨刀架相组合等多种形式。

（四）立式铣床的主要技术参数

1. MX513 型单轴立式铣床

MX513 型单轴立式铣床的主要参数如下：

工作台面距离主轴端面最大距离：270mm

主轴转速：1200r/min

主轴电动机功率：1.1kW

主轴电动机转速：2810r/min

工作台升降速度：660mm/min

工作台面尺寸（长×宽）：760mm×520mm

工作台升降电动机功率：0.6kW

工作台升降电动机转速：1380r/min

机床外形尺寸（长×宽×高）：340mm×760mm×1500mm

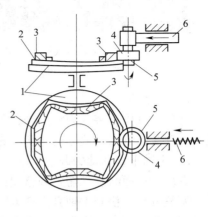

图 4 - 9　回转工作台进给铣床

1—回转工作台　2—模板　3—工件
4—刀轴　5—支承挡环　6—滑枕

自重：700kg

2．MX5112 型单轴立式铣床

MX5112 型单轴立式铣床的主要技术参数如下：

工作台工作面尺寸：1120mm×900mm

最大榫槽宽度：16mm

加工零件最大榫长：100mm

最大加工厚度：120mm

主轴转速：2250r/min，3000r/min，4500r/min，6000r/min

主轴最大升降高度：100mm

主轴倾斜角度：0～45°

活动工作台最大行程：680mm

主轴带轮直径：110mm，13mm

电动机功率：3kW，4.5kW

电动机转速：1440r/min，2880r/min

电动机带轮直径：230mm，208mm

外形尺寸（长×宽×高）：2180mm×1080mm×1415mm

自重：1100kg

（五）单轴立式铣床的调整

图4－10 所示为单轴立式铣床工作台，图4－11 所示为单轴立式铣床锁紧机构。

图4－10 单轴立式铣床工作台
1—刀轴 2—靠尺 3—工作台

图4－11 单轴立式铣床锁紧机构
1—刀轴升降锁紧 2—刀轴转动锁紧

1．刀具的拆装

使用主轴固定装置固定主轴，用专用扳手逆时针松开紧固螺母，再松开固定螺丝，取下铣刀。安装新铣刀，放固定垫圈，先紧固螺丝，再背紧螺母，最后松开主轴转动锁紧装置。

2．主轴垂直移动的调整

在加工型面时经常需要调整型铣刀的位置，以保证加工后型面位置准确。

调整方法：松开主轴升降锁紧装置，转动升降调节手轮使主轴垂直移动，用直尺或卡尺测量铣刀与工作台的高度，调整合适后将主轴升降锁紧。

3．靠尺的调整

加工平直面（基准面全加工）调整要求：以刀轴切削母线为基准，调整后靠尺使其与刀轴切削母线平齐，前靠尺比后靠尺低 $1 \sim 3\text{mm}$，即铣削的加工量。靠尺临近刀具端与刀齿相距 $3 \sim 4\text{mm}$。

如果只是加工基准面的一个部分，而不是基准面全加工（如在基准面加工沟槽），其调整方法如下：前后靠尺调成平齐，松开靠尺座的固定螺丝，以刀轴切削母线为基准，调整前靠尺与刀轴切削母线的距离，调整好后锁紧固定螺丝，这时靠尺所在平面与刀具切削母线平行，其距离即为铣削加工深度。

4．曲线型面加工调整

松开靠尺座锁紧螺丝，将靠尺与靠尺座一同卸下，将刀具卸下，将工作台上的挡环翻转扣入槽中，再将刀具安装好即可。曲线型面的加工主要依靠模具确定铣削弧线形状、以挡环为加工基准，以刀具截面形状确定工件截面形状。将由细木工小带锯加工好的弧线形毛料夹紧在模具上，推动模具靠在挡环做圆周运动，将零部件加工出来。

（六）木工立式铣床安全操作规程

（1）操作者严禁戴手套、穿高跟鞋、拖鞋和披散长发；

（2）禁止使用自制的未经过动平衡处理的刀具；

（3）开机前，必须认真检查刀具与靠尺，确保安装牢固再开机；

（4）严禁使用缺齿的刀具加工工件；

（5）加工操作时，手离刀具刃口的距离不小于 50mm；

（6）加工过小的工件，需要用相应的夹具，以保证安全；

（7）调整靠尺时，不宜将唇口调得过大，一般为 4mm；

（8）严禁加工长度小于 300mm 的工件；

（9）检查刀具与检修设备时，必须等刀具完全停稳后进行。

（七）单轴立式铣床的日常维护与保养

1．每班按操作规程维护机床；

2．每班对刀轴和各调节部位润滑；

3．一个月为主轴加润滑脂，检查皮带，如有磨损，则须更换。

四、任　务　实　施

1．安装成型铣刀

2．调整机床

按直线铣型加工的调整方法正确调整机床。前后靠尺要调平齐，型刀刀刃切削母线直径最小处与靠尺相切，刀刃最低点与后工作台平齐。

3．加工操作

开机前检查机床各部位是否调整到位，安全防护是否牢靠，刀轴转动是否正常。开机待刀轴转速正常后再进料。

左手在前，右手在后，将工件紧靠靠尺和工作台，匀速通过刀轴，当左手距离刀轴 50mm 左右时，左手越过刀轴，当右手距离刀轴 50mm 左右时，右手越过刀轴，双手在刀轴前面将工件靠紧靠尺完成进料。检查首件加工是否合格，如合格可批量加工，不合格需重新调整至合格后进行加工。加工过程中要定期检查产品质量。

五、知　识　拓　展

铣削加工常见的质量问题：铣削直线加工中常见的加工质量问题是工件加工面出现前啃

头或后扫尾。

原因：加工平直面时，前啃头因后靠尺高于刀轴切削母线而产生；后扫尾因后靠尺低于刀轴切削母线而产生。

解决方法：出现上面的情况时，要以刀轴切削母线为基准，调整后靠尺，使之与刀轴切削母线平齐，直到加工出合格的部件。

六、作业与思考

1. 立式铣床的加工特点是什么？
2. 单轴立式铣床的结构特点是什么？
3. 单轴立式铣床调整有哪些要求？
4. 单轴立式铣床加工中工件加工面出现啃头或扫尾的原因及解决办法有哪些？

任务2　开榫机的调试与操作

一、学 习 目 标

（一）知识目标

1. 了解开榫机的种类、特点；
2. 掌握开榫机的构成、工作原理。

（二）能力目标

1. 具有对开榫机进行调试和操作的能力；
2. 具有处理开榫机常见加工质量问题的能力。

二、任 务 描 述

利用开榫机在零件的一端铣出如图4-12所示的直角榫。

工艺卡片

零件名称		工序内容	开榫
使用设备	开榫机	使用刀具	铣刀

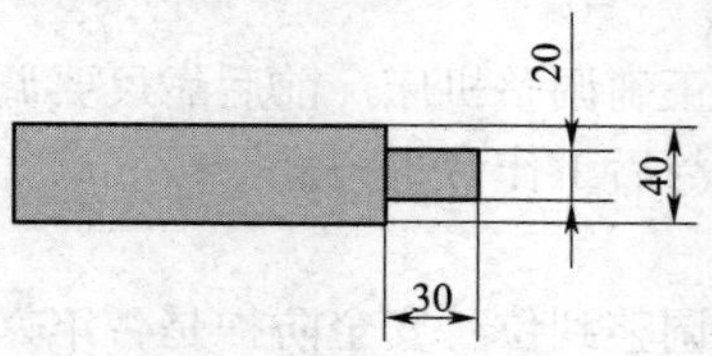

技术要求：
1. 零件宽度40mm。
2. 要求加工后表面光滑，无明显缺陷。

图4-12　工艺卡片

三、相 关 知 识

在木制品生产中，零部件结合方式以榫结合较为普遍。榫的结合形式分为木框榫、直角箱榫、燕尾榫、指接榫等，各种形式的榫一般都可以利用木工铣床来加工，在大批量生产中，可采用专用的开榫机进行加工。

（一）开榫机的分类与特点

按照机床的用途或榫头形状的不同，开榫机可分为：

（1）木框榫开榫机　用于加工平面木框；

（2）箱榫开榫机　用于加工箱结榫，使箱板、拼合板等组装成箱体；

（3）指接榫开榫机　用于加工指接榫，使方材或板条纵向平面接合或接长；

（4）长圆弧榫开榫机　用于加工圆弧木框直榫和圆榫，使方材或板材能组装成框架结构木构件；

（5）圆棒榫加工机床（也称圆棒机）　用于加工圆榫，常用于将板式家具的部件组装成产品。

（二）开榫机的结构

1．木框榫开榫机

木框榫开榫机即直角榫开榫机，可分为单面开榫机和双面开榫机两类。单面木框榫开榫机按加工零件的进给方式又可分为手工进给和机械进给两种。双面开榫机都是机械进给的。木框零件在开榫机上开榫时，通常是顺序地通过几个刀头，完成榫头的榫颊、榫肩和榫槽的加工。

下面以生产中较为常用的国产 MX2116A 型单面木框榫开榫机为例，说明其组成和工作原理。图 4－13 所示为 MX2116A 型单面木框榫开榫机外观图与结构示意图。

开榫机机座的前部装有截头圆锯 14，在机座的后部装立柱 9，其前面装有上水平刀架 10、下水平刀架 11、上水平刀头 12、下水平刀头 13、上垂直刀架 5、下垂直刀架 4、上垂直刀头 8 和下

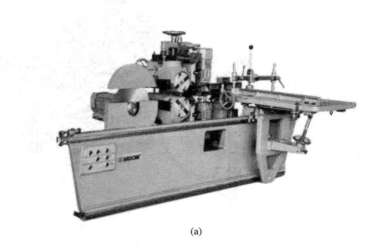

(a)

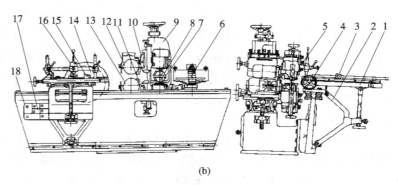

(b)

图 4－13　MX2116A 型单面木框榫开榫机

（a）MX2116A 型单面木框开榫机外观图

（b）MX2116A 型单面木框开榫机结构示意图

1—工作台　2—托架　3—靠板　4—下垂直刀架　5—上垂直刀架　6—中槽刀盘　7—下垂直刀头　8—上垂直刀头　9—立柱　10—上水平刀架　11—下水平刀架　12—上水平刀头　13—下水平刀头　14—截头圆锯　15—侧向压紧器　16—偏心垂直压紧器　17—电气按钮板　18—导轨支座

垂直刀头 7；且后面装有中槽盘铣刀 6，共六个刀架。这六个刀架按照木框榫开榫的加工程序安装，并通过各自的刀架安装在机座和立柱上，组成一个完整的开榫工序。

机床的机座左侧固定了导轨支座 18，用来支撑托架工作台，活动工作台 1、压紧机构和托架 2、导轨支座上部和下部各有一根导轨，用以支撑托架，而托架上下部均装有单列向心滚动轴承组成的滚轮组，使托架和工作台可以轻快地沿导轨移动。活动工作台背面右端与托架之间由丝杆支撑，转动手轮，可调节工作台的倾斜度（0～30°），并有螺钉紧固，这样便可在工件端部加工呈倾斜的榫头或斜截头。工作台上装有偏心垂直压紧器 16、侧向压紧器 15 和靠板 3 等，用以正确安放和夹紧工件，使工件在加工过程中不发生移动，保证工件加工精度。

图 4 – 14 所示为 MX2116A 型单面木框榫开榫机刀头配置和传动系统结构图。

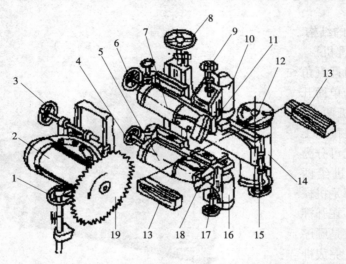

图 4 – 14　MX2116A 型单面开榫机的传动系统图

1、3、4、6、8、9、15、17—调整手轮　　2、5、7、10、14、16—电机
11、18—水平刀头　　12—中槽铣刀　　13—工件　　19—截头圆锯片

六个切削刀头分别安装在六台专用电动机的加长轴上直接驱动，可由按钮板集中控制；工件放在工作台上，并紧贴基准导板和端面挡板，用偏心加紧器从上面将工件压向工作台，再侧向压紧在导板上，用手推动工作台依次经过截头圆锯、上下水平刀头、上下垂直刀头，最后经过中槽圆盘铣刀进行切削加工，从而得到需要的榫头。

2. 箱榫开榫机

箱榫开榫机按照进给方式分为手工进给和机械进给两种；按照主轴数目分为单轴、双轴和多轴；按主轴位置分为立式和卧式；按照箱榫的类型和形状又可分为直角箱榫和燕尾形箱榫开榫机等，实际生产中直角箱榫开榫机使用较为普遍。

直角箱榫开榫机的刀具多采用圆盘铣刀，分为周期式径向进给和连续式切向进给两种。前者加工质量高，但生产效率低。切向进给的直角箱榫开榫机又分单面和双面两类。

图 4 – 15 所示为抽屉直角榫开榫机外形和结构示意图。主要由床身、导轨、推架、主轴、工作台和传动机构等部分组成。下面主要介绍床身、主轴和工作台 3 个部分。

（1）床身　床身 1 由铸铁或钢板焊接而成。

（2）主轴　主轴 6 外有铸铁防护罩，根据加工直角榫的数目，主轴上可以安装组合圆盘铣刀 8。主轴是由电动机 10 通过三角带直接带动旋转，通过主轴下面的蜗轮蜗杆、齿轮齿条机构，实现主轴的升降，即可调节刀具相对于工件的位置。调节完毕，将主轴用手柄 7 锁紧。

（3）工作台　移动工作台 5 的上面放置一组工件，紧靠导板 9，并可根据加工榫头的长度，用手轮 4 移动，以调节切削刃相对导板工作面的位置。移动工作台的进给是由电动机 13 通过三角带传动，以减速箱 11、链条 12 带动，使其沿导轨 2 移动。当按下手柄 3，将插销插入链条时，移动工作台随即自动前进，加工完毕时，工作台撞上限位开关，电动机停止工作，手柄反方向回转，退出插销，用手将工作台拉回，卸下已加工工件，即完成了一个工作周期。

工件被夹紧固定在两个互相垂直的工作台上，夹紧四根手柄通过偏心夹紧轴实现。此外，机床上还有刀轴作往复合成运动时的定位靠模、标尺、工件导板等器件。

这种开榫机能正反双向行程加工，无空行程，调节范围大，可加工 1～13 个榫头。因有两把端铣刀，故可同时铣削加工两组（每组两块）工件，其生产效率高，适用于中、小批量生产。

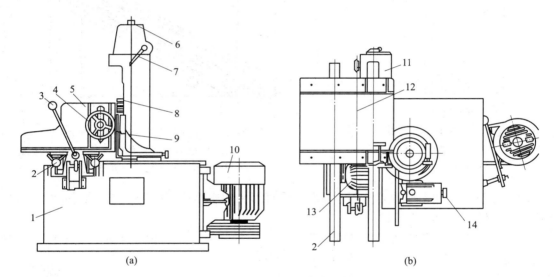

（a）　　　　　　　　　　　　　　　　　（b）

图 4－15　抽屉直角榫开榫机外形与结构示意图

（a）外形图　（b）结构图

1—床身　2—导轨　3、7—手柄　4、14—手轮　5—移动工作台　6—主轴
8—组合圆盘铣刀　9—导板　10、13—电动机　11—减速箱　12—链条

（三）开榫机的调整

1. 单面木框榫开榫机（MX2116A 型单面木框榫开榫机）的调整

（1）截头圆锯的调整　截头圆锯用来截齐工件端面，锯片要根据工件厚度上下移动，调整时转动手轮，通过丝杠螺母使电动机同锯片一起升降。锯片水平移动调整，可通过转动水平调整手轮进行。调好后用相应的手柄锁紧。

（2）上、下水平刀头调整　如图 4－16 所示，上下水平刀头调整时，要依据榫头厚度，转动手轮 1、丝杠 3 和 4、螺母 2 和 5 带动两个刀头上下移动，也可以单独调整，即将手轮取下装在另一根丝杠上，或把手轮上提至键以上转动 90°，齿轮下端面的半圆槽与键配合，就可以单独调整。上、下水平刀头的水平移动调整应根据榫头长度，转动相应手轮进行。

（3）水平刀头与垂直刀头的对刀　水平刀头靠近工作台端装有两把齿形立刀（又称勒刀），用于切断榫头根部木材纤维，获得光滑平整的榫肩。齿形立刀的伸出量应一样，其回转半径略大于平刀刃口的回转半径（≤1mm）。水平刀头的两把平刀对称地装在刀头斜槽口中，因此，平刀刃磨时，在刀的长度方向上应磨出一定弧度，其弧度应与刀头斜槽口相适应。

加工平肩榫头，上下水平刀头的齿形立刀应在同一平面内；加工高低肩榫头，应按要求的尺寸分别调整。

加工带角度榫肩的榫头，上下垂直刀头端面的切削刃和水平刀头平切削刃回转母线在同一个水平面上。

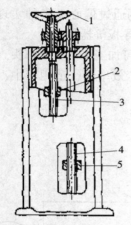

图 4-16　上、下水平刀头调整
1—手轮　2、5—螺母（刀架）
3、4—丝杠

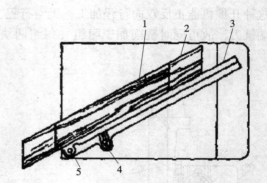

图 4-17　加工直榫斜肩时靠板的调节
1—工件　2—工作台
3—靠板　4—螺栓　5—小轴

（4）垂直刀头和中槽铣刀的调整　两个垂直刀头和中槽铣刀的升降和水平移动的调整，根据需要，转动相应的手轮进行。

（5）开斜肩榫或斜榫时工作台的调整　加工直榫斜肩，先将螺栓 4 松开，工作台上的导板绕轴 5 转动，使其斜度与工件 1 斜度一致即可，然后将螺栓拧紧，如图 4-17 所示。斜榫加工时，转动手轮 3 使丝杠 2 转动，调节工作台 1 倾斜，达到要求的角度后，用网纹滚花螺钉锁紧，如图 4-18 所示。

2. 箱榫开榫机的调整

（1）首先按工件榫的厚度，调节组合圆盘铣刀之间的距离；

（2）根据榫长，转动手轮，调节主轴切削刃相对工作台的位置；

（3）根据工件的厚度，调整工件，卡紧偏心轴与工作台面间的距离；

（4）根据工件的宽度，调节导板和行程开头的位置；

（5）开车前使工作台来回移动一次，观察其与切

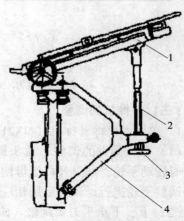

图 4-18　加工斜榫工作台的调整
1—工作台　2—丝杠
3—手轮　4—下滑座

88

削刃的相对位置。

① 定位基准：在工作台面上，以左右工作台上的挡板为定位基准，在加工好一端后再加工另一端时，应以已加工好的一端定位，保证加工尺寸符合图纸要求，分别固定一块定位板与机台主轴成垂直线。根据物料长度，在工作台面上定好加工榫头第一端尺寸定位块，第二端定位块则以第一端加工后的榫肩为基准定位，保证加工工件不含榫头时的尺寸加工精度。

② 操作者站位：机台手站于机台右侧，取料确认加工面，加工大件时应两个人操作，辅助工位于机台左侧，将加工好的工件取下堆放好。

（四）开榫机安全技术操作规程

（1）开机前，必须检查并确保铣刀安装牢固再行开机；

（2）严禁非本机机台手上机操作和调整设备；

（3）操作者应扎紧袖口，并不得穿高跟鞋与拖鞋操作；

（4）开机前，要检查气压板压力，保证工件压紧；

（5）加工时，禁止用手触动设备上的移动装置；

（6）加工前，应检查并去掉木材上的铁钉类硬物；

（7）调整刀具与检修设备必须等刀具完全停稳后进行。

（五）开榫机的日常维护与保养

为了保证开榫机良好的运行状态和生产的安全，操作者每班都要对开榫机进行维护与保养。其保养的内容如下：

（1）每班必须清理开榫机底部的切屑及锯末，尤其应该保持传动带轮的清洁，清扫时应该启动吸尘装置；

（2）对开榫机的各转动和移动的部位进行加润滑油；

（3）及时清理滑动导轨上的污物；

（4）定期检查各个轴承的运转情况，发现问题及时添加润滑油或更换轴承；

（5）各种滑动导轨每班注油一次；

（6）各种调整螺杆及螺母每半年涂刷润滑油，以保证正常功能。

四、任 务 实 施

按照工艺卡片要求，选用 MX2116A 型单面木框榫开榫机来完成直角榫工件的加工操作。

（一）设备的调整

1. 截头圆锯的调整

如前文中图 4 - 14 所示，调整分为垂直调整和水平调整。

垂直调整：调整时转动垂直调整手轮，通过丝杠螺母使电动机同锯片一起升降。调整的标准是锯片的最高点高于工件的上表面 10 ~ 20mm 即可。

水平调整：锯片水平移动调整，可通过转动水平调整手轮进行。调整标准为锯切 5 ~ 10mm，达到工艺卡片的要求尺度，调好后用相应的手柄锁紧。

2. 上水平刀头调整

如前文中图 4 - 16 所示，上水平刀头调整时，分为垂直调整和水平调整。

垂直调整：要依据榫头厚度，转动手轮 1、齿轮、螺母 2，带动上刀头上下移动，调整到铣刀的下表面距离工作台上表面 40mm 即可。

水平调整：上水平刀头的水平移动调整应根据榫头长度转动水平方向的调整手轮，使铣刀铣出的榫头的长度为 30mm 即可。

3. 下水平刀头调整

如前文中图 4 – 16 所示，下水平刀头调整时，分为垂直调整和水平调整。

垂直调整：要依据榫头厚度，将转动手轮 1 取下装在另一根丝杠上，通过丝杠 4、螺母 5 带动下水平刀头上下移动，调整到铣刀的下表面距离工作台上表面 20mm 即可。

水平调整：下水平刀头的水平移动调整应根据榫头长度转动水平方向的调整手轮，使铣刀铣出的榫头的长度为 30mm 即可。

（二）开榫机加工操作

1. 定位基准

工作台面为工件的水平面定位基准，保证加工尺寸符合图纸要求，分别固定一块定位板与机台主轴成垂直线。根据物料长度，在工作台面上定好加工榫头端尺寸定位块。

2. 操作者站位

机台手站于机台右侧，取料确认加工面，加工大件时应两个人操作，辅助工位于机台左侧，将加工好的工件取下堆放好。

3. 零件码放

加工出的零件应横竖交错分层码放在地牛车专用或其他运载工具能够叉起的平整坚固托盘上。零件码放应结实整齐，不下陷、不歪斜。垛的大小尺寸应考虑工件的长、宽，尽量码成与托盘的大小相近，高度可在 1 ~ 1.2m。

（三）零件检测

1. 检验内容与方法

木材材质检验，检验方法为目测；零件的加工质量检验主要是尺寸与加工精度，采用卡尺来检验榫头的长度、宽度和厚度。

2. 检验规则

实行操作者对首件工件进行自检后交由指导师傅复检，合格签字确认后方可进行其他工件的加工。在加工过程中，操作者要经常对自己所加工的零件进行预防性检查。

五、知 识 拓 展

开榫机加工常见缺陷、产生原因及解决办法，见表 4 – 1。

表 4 – 1　　　　　　　开榫机加工常见缺陷、产生原因及解决办法

缺陷名称	产生原因	解决办法
工件长短不一致	工作台挡板安装不正确	重新安装挡板
工件端面不垂直台面	锯面不平	校正锯架位置
榫头在长度方向有斜度	水平刀头不水平	校正水平刀架并锁紧
榫宽方向有斜度	工件在工作台上不牢固	调整压紧装置
榫厚不符合规定	一面或两面水平刀头发生位移	检查刀头位置，调整刀架的位置，然后锁紧
榫颊长度不一样	一面水平刀头产生位移	重新调整刀架位置并锁紧
榫沟与榫不平行	中槽铣刀偏斜，不在水平面内	调整中槽铣刀刀架
双榫榫厚不一致	中槽铣刀垂直度调整不准确	重新调整中槽铣刀，然后固定

六、作业与思考

1. 如何调整 MX2116A 型手工进给木框榫开榫机的各刀头？
2. 简要说明开榫机加工常见缺陷产生的原因与解决办法。

任务 3 梳齿机的调试与操作

一、学习目标

（一）知识目标
1. 掌握有关集成材的知识；
2. 掌握有关铣削的知识。

（二）能力目标
1. 具有正确调试和操作梳齿机的能力；
2. 具有处理梳齿机加工产生的质量问题的能力。

二、任务描述

某门窗厂利用梳齿机将短净料端头铣出指状榫，制造柜门门边料，如图 4 – 19 所示。

零件加工标准的尺寸公差见表 4 – 2。本道工序的来料是取自刨光工序的规格刨光板净料，下一道工序是接长。本道工序是利用普通梳齿机将 18mm 厚的边短料开齿成如图 4 – 19 所示形状和尺寸的零件，零件的榫头加工表面要求光滑，齿形准确，尺寸精度要高。

表 4 – 2   零件的尺寸公差

齿接的配合间隙	<0.2mm
结合面的台阶	<0.3mm

三、相关知识

（一）梳齿机分类与特点

梳齿机是木材加工企业常用到的木工机械。梳齿机也叫开齿机，不同的工厂有不同的叫法。利用梳齿机将实木板材横端铣削成指状榫的过程叫梳齿或开齿。这种机械专门用于集成材制造，所以在集成材工厂、以集成材做生产材料的家具和其他木制品厂被广泛使用着。

（二）梳齿机的结构

1. MX3510 型手动梳齿机（见图 4 – 20）

梳齿机参数：梳齿机主轴转速比较高，其范围为 5000～6000r/min。表 4 – 3 为两种型号梳齿机的设备参数。

2. MXB3510 型半自动梳齿榫开榫机

MX3510 型半自动梳齿榫开榫机结构如图 4 – 21 所示。这种铣榫式开榫机是集成材生产线上的主要设备之一，其特点是机床结构简单、操作容易、加工精度高。

工艺卡片

零件名称	门边料	工序内容	梳齿
使用设备	梳齿机	使用刀具	开齿铣刀

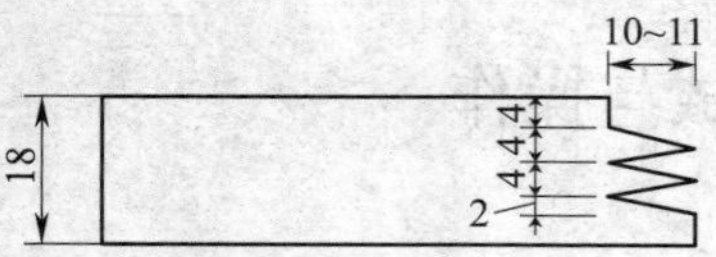

技术要求：
1. 两根木料插接后其插接间隙：＜0.2。
2. 两根木料插接后其搭接错位差：＜0.3。

图 4-19　梳齿机工序工艺卡片

图 4-20　梳齿机

表 4-3　　　　　　　　　　　　　　梳齿机设备参数

项目　　参数值　　　设备型号	MXB3510	MX3510
工作台（长×宽）/mm	640×500	640×500
最大加工宽度/mm	330	330
最大加工厚度/mm	100	100
开齿刀直径/mm	160	160
刀轴直径/mm	35	35
锯片直径/mm	305	305
主轴直径/mm	35（50）	35（50）
主轴转速/（r/min）	5500	5500
安装功率/kW	10.45	9.7

（1）机床结构　床身用型钢和钢板焊接而成，用于安装连接机床零部件，并用地角螺钉固定在地面基础上。工作台用铸铁制成，其底部与床身通过直线滚动导轨副联结（采用精密机床载荷型直线滚动导轨），具有精度高、摩擦因数小、运动灵活、寿命长等特点。工作台由液压传动驱动，实现工件进给的往复运动，无爬行现象。工作台上面设置有上面和侧面夹紧工件的气动夹紧装置。

截头锯，它将带有截头粉碎的复合型硬质合金刨削圆锯片直接安装在电动机主轴上，用沉头螺钉紧固。使用这种锯片，工件的高度可超过轴中心线。在锯片上带有粉碎片，可将截头直接粉碎，同锯屑一起被吸尘装置吸走，以保持车间清洁和防止空气污染。电动机安装在可沿导向链前后移动的滑板上。这样转动手轮通过丝杠、螺母使锯片与工作台运动方向相垂直的水平方向微调，其调节量可通过与其相连的百分表中读出。

铣榫刀刀架由电动机、主轴、支承套及升降丝杠螺母机构等构成。主轴通过单列向、推力球轴承、单列向心球轴承安装在支撑套中，支承套安装在机床侧面的卡套上，并由丝杠锁住。当主轴需要垂直微调时，先将锁紧丝杠松开，然后转动手轮使丝杠带动螺母达到主轴垂直上下微调，使边刀处于工件的最佳位置，主轴通过传动带由电动机带动回转。

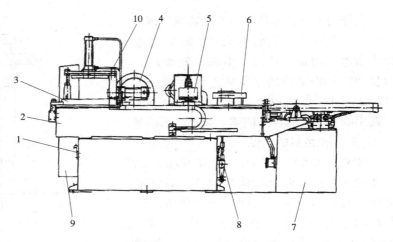

图 4-21　MXB3510 型半自动梳齿榫开榫机结构示意图
1—床身　2—直线滚动导轨　3—工作台、夹紧及行走机构
4—截头锯　5—铣榫刀刀架　6—退料机构　7—液压传动装置
8—气压传动装置　9—电气装置　10—工件夹紧机构

（2）机床的传动系统

横截锯带有截头粉碎片的硬质合金刨削圆锯片 2，直接安装在横截锯电动机 1 的主轴上，由电动机直接带动回转进行截头。铣刀的主运动是由铣刀电动机 3 通过平带传动装置 4 带动主轴 5 连同铣刀 6 回转，进行梳齿榫加工，如图 4-22 所示。

工作台载工件的进给运动是由液压传动实现的，其工作原理如图4-23所示。当电动机启动带动液压泵 3 工作，将油从油箱 1 经滤油器 2 吸入并排出压力油，经单向阀 4，此时换向阀 7 右电磁铁线圈得电换向，压力油经换向阀右边工作位置，单向节流阀组 5 中的单向阀、接口 B 进入油缸 8，由活塞杆腔推动活塞及活塞杆带动工作台及其上的工件作进给运动，经截锯截头，再经铣刀加工出梳齿榫。油缸无活塞杆腔的油经接口 A、单向节流阀组 6 中的节流阀、换向阀 7 返回油箱。当进给结束碰撞行程控制开关 13 时，换向阀右电磁铁线圈失电而左电磁铁线圈得电换向，此时压力油经换向阀左工作位置，再经单向节流阀组 6 中的单向阀、接口 A 进入油缸无活塞杆腔，推动活塞及活塞杆带动工作台返回原位置。油缸有活塞杆腔的油经单向节流阀组 5 中的节流阀、换向阀返回油箱。当工作台返原位后，碰撞行程控制开关 12，左电磁铁线圈失电，换向阀处于中间位置，完成一个工作循环。溢流阀 9 用以控制液压系统的压力，压力表 10 用以观察系统调整压力。

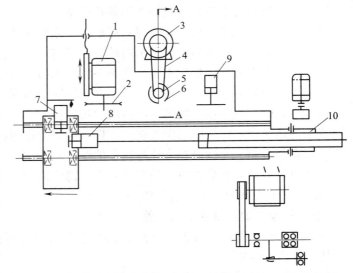

图 4-22　MXB3510 型半自动梳齿榫铣榫机传动系统结构图
1—横截锯电动机　2—刨削圆锯片　3—铣刀电动机　4—平带传动装置
5—主轴　6—铣刀　7—上夹紧气缸　8—侧向夹紧气缸
9—退料气缸　10—工作台移动液压缸

工件的夹紧和退料均用气动装置实现。

（3）梳齿机新设备的采用　最新型梳齿机为高速自动化生产线，由两台梳齿机、一台自动接长机组成的指接生产线，每班可生产出 25mm 厚度集成材 $20m^3$ 以上，为手工生产效率的 5 倍，而且还能够提高产品的质量。

（三）梳齿机的调试

MXB3510 型半自动梳齿机的调整：机床在开机前，要依据榫槽铣削深度，调整定位靠板、截头锯、铣刀之间的相互位置。定位靠板调整时，依据榫槽深度移动定位靠板，调好后固定。截头锯可通过转动手把带动丝杠螺母使滑板沿导向键前后移动微调，调好后用螺钉固定。开榫铣刀的调整，在加工不同高度的工件时，除了增减刀垫外，为使边刀处于最佳位置，可通过调整铣刀升降丝杠来实现。调整时，首先松开床身侧面卡套上的锁紧螺钉，然后转动手轮通过丝杠螺母，使主轴上下微动，调好后必须将卡套用螺钉锁紧。工作台（即工件进给）移动速度，可通过调整液压系统中的节流阀来实现。

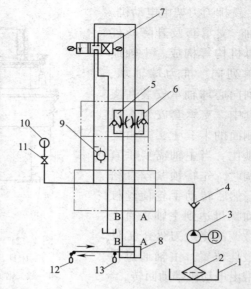

图 4 – 23　工作台进给运动液压传动工作原理
1—油箱　2—滤油器　3—液压泵　4—单向阀
5、6—单向节流阀组　7—换向阀　8—油缸
9—溢流阀　10—压力表　11—截止阀
12、13—行程控制开关

（四）梳齿机安全技术操作规程

梳齿机是一种比较安全的木工机械，但前提是操作者要注意遵守安全技术操作规程，在这样的条件下，才能够保证设备与人身的使用安全。该设备的安全技术操作规程如下：

（1）非本机机台手禁止上机操作与调整设备；

（2）操作者应扎紧袖口，并不得穿高跟鞋与拖鞋操作；

（3）严禁在夹紧器前后不摆满木料的情况下进行加工；

（4）严禁在夹紧器上摆放夹紧高度不一致的木料进行加工；

（5）更换刀具时，必须使用扳手，不得采用锤子砸螺母的办法代替扳手；

（6）进料时，应缓慢、均匀，不得用力过猛；

（7）回送工作台时，应确保被加工工件已经完全退回；

（8）在加工前，应检查并去掉木材上的铁钉类硬物；

（9）更换刀具与检修设备须等刀具完全停稳后进行；

（10）设备故障请专业人士处理。

（五）梳齿机的日常维护与保养

为了保证梳齿机良好的运行状态和生产的安全，操作者每班都要对梳齿机进行维护与保养。其保养的内容如下：

（1）每班必须清理梳齿机底部的切屑及锯末，特别应该保持传动带轮的清洁，清扫时应该启动吸尘装置；

（2）对梳齿机的各转动和移动的部位加润滑油；

（3）及时清理滑动导轨上的污物；

（4）定期检查各个轴承的运转情况，发现问题及时添加润滑油或更换轴承；

（5）各种滑动导轨每班注油一次；

（6）各种调整螺杆及螺母每半年涂刷润滑油，以保证正常功能。

四、任 务 实 施

（一）MX3510 型手动梳齿机的调试

1. 铣刀拆装

梳齿刀有组合刀和整体刀，前者在某刀片损坏时，可随时更换，刀具损失小。后者的优点则是梳齿的加工精度高，磨刀、换刀方便。更换刀具时，应根据加工工件的具体要求选用光滑、平整、锋利的梳齿刀。拆装工具要用专用拆装扳手或大号开口扳手，尽量不用活动扳手。拆卸铣刀时，主轴有定位装置的要利用主轴的定位销将主轴进行定位，使主轴不能转动，然后将其卸下；主轴没有定位装置的需要用专用的扳手，这种扳手由两部分组成，一个固定主轴，另一个固定主轴螺母。使主轴固定，顺时针旋转即可卸下主轴螺母，换上锋利刀具。安装时要注意刀具的旋转方向，不要将刀具装反。

2. 锯片的安装

根据设备要求，一般选用 $\phi305$ 的锯片，但是在工件厚度不大的情况下，选用直径小一点的锯片也可以。用专用扳手固定主轴，使锯轴不能旋转，将锯片卸下，按要求的旋转方向，装上锋利锯片，将紧固螺栓拧紧即可。

3. 梳齿刀高度的调整

调整梳齿刀高度是为了调整零件齿肩的大小，以保证零件间的平、齐插接。这一调整是靠主轴的升降来完成的（见图 4 – 24）。调整时，将被加工工件的坯料平放在工作台上，使其端头与刀具相碰，按照图纸上所标示的尺寸，进行刀具主轴高度的调整。

铣刀垂直方向的调整，首先松开主轴座的内六角固定螺栓；

（1）向上调整 松开调整螺栓的两个螺母，顺时针旋转螺杆，则主轴上升；

图 4 – 24 梳齿刀高度调整

（2）向下调整 松开调整螺杆的两个螺母，逆时针旋转调节螺杆，使调节螺杆帽的下表面与主轴座之间有 5～10mm 的间隙。然后拧紧下边的螺母，再逆时针旋转上边的螺母，主轴即可向下移动。

主轴垂直方向的调试完成后，一定要紧固主轴的固定内六角螺栓，再开机试车。

通过刀具主轴高度的调整，即调整主轴高度调节螺栓，使刀具高度符合工艺卡片的要求，调整好后，锁紧调节螺栓。然后找 1～2 块与被加工工件同样厚度的废料作为试件进行试验加工，对被加工出的试件进行组装试验，看两个零件齿肩结合后的平整程度，然后再进一步进行主轴高度的精确调整，直到铣出来的零件齿肩能够平整接合，方为调整到位。注意，在进行试验加工时，由于试件少，需要加数块不参加切削的、起辅助夹紧作用、与工件同样高度的木料参与夹紧，以保护刀具。在升降主轴时，应注意松开皮带的张紧装置。

4. 指状刀切削深度调整

齿榫的长度即其切削深度，该数值在 0 ~ 11.4mm 可调，禁止加工超过 11.4mm 长度的齿榫。切削深度由锯片与铣刀的切削母线的位置决定。铣刀的位置是固定的，因此，切削的深度需要调整锯片电动机的位置。将电动机座燕尾导板的紧固螺栓松开，旋动电动机座调整手轮，对锯片电动机进行位置调整，直到符合要求为止，然后拧紧导轨的紧固螺栓。

5. 挡板的调整

挡板即上料端头的定位板，其位置为锯片外平面退后 2 ~ 5mm。调整时，需要松开其固定螺栓，进行横向调整后，将螺栓锁紧。

6. 推料板的调整

在工作台行程的终端，设一向外推料的小气缸，用于将开完齿的工件推离刀具能够碰到的范围，避免碰坏刀具。该推料板的调整分成两个方面，第一是横向推料位置的调整，这是靠调整限位螺栓来实现。推料位置一般应使木料推出 3cm 以上为佳。第二是调整小气缸的动作时间，使其处于一个合适的运动时间。这要调整行程开关和气流调节阀来实现。

7. 夹具压紧力的调整

进料工作台上设有气缸夹紧装置，其压紧力的调整靠调整气动压力调节器来完成，气压应控制在 0.4 ~ 0.6MPa。

（二）MX3510 型手动梳齿机的操作

1. 工件摆放与夹紧

梳齿机由一个人操作即可。双手取料，将平铺在工作台上的木料一端对齐送入夹紧器内，木料的前端均与挡板靠严，然后开动夹紧气动开关将工件夹紧。注意，在操作时不允许夹带夹紧高度不一致的木料，同时应尽量将工件整个摆满在工作台的空挡内，以保证夹紧器能够将工件牢固夹紧。

2. 进料

左手推工作台的把手，右手辅助用力，匀速向前推进夹满木料的工作台进行切削，直到导轨的终端，看推料板已经将开完齿的工件推离原位，即可将工作台拉回，将所有的工件翻转过来，加工另一端，即开始下一操作过程，待工件双端都完成了梳齿，即完成了完整的零件加工过程。

3. 零件码放

加工出的零件应横竖交错，分层码放在地牛车专用或其他运载工具能够叉起的平整坚固托盘上。零件码放应结实整齐，不下陷、不歪斜。垛的大小尺寸应考虑工件的长、宽，尽量码成与托盘的大小相近，高度可在 1 ~ 1.2m。

4. 零件检测

（1）检验内容与方法　木材材质检验，检验方法为目测；零件的加工质量检验包括两项内容：齿肩与齿形的配合程度，上述检测方法是将开好齿的两个工件进行对接，立在地面上用木锤将其砸实，一看其开齿的深度，二看齿肩的大小。合格的加工是其配合间隙小于 0.2mm；齿肩配合"台阶"的高度不大于 0.3mm。

（2）检验规则　应实行操作者对首件工件进行自检后交由指导师傅复检，合格签字确认后方可进行其他工件的加工。在加工过程中，操作者要经常对自己所加工的零件进行预防性检查。

（三）MXB3510 型半自动梳齿机的操作

开车前首先检查锯片紧固螺钉、铣刀轴螺母是否有松动；检查液压系统、气装置是否有泄漏，各元件动作是否灵活、有无异常，油箱油位是否达到要求油位，各润滑部位是否润滑。

开车后待各部件运行达到正常，无异常情况，方可进料进行加工。加工时机床自动工作循环如下：

按启动按钮→工件上、侧面夹紧→工作台（即工件）进给→截头锯→铣榫→工作台终端停止→解除工件夹紧→退料→上压、侧压→工作台返回→工作台至原位置→解除上侧压，至此完成一个工作循环。

五、知 识 拓 展

（一）梳齿机工件的加工标准

零件加工标准的尺寸公差如表4-4所示。本道工序的来料取自刨光工序的规格刨光板净料，下道工序是接长。本工序是利用梳齿机将短料开齿，零件的榫头加工表面要求光滑，齿形准确，尺寸精度要高。

表4-4　　　　　　　　　零件的尺寸公差

插接间隙/mm	工件搭接错位差/mm
<0.2	<0.3

（二）梳齿机常见加工缺陷、产生原因及解决办法

梳齿机常见加工缺陷、产生原因及解决办法如表4-5所示。

表4-5　　　　　　　　梳齿机常见加工缺陷及处理方法

缺陷名称	产生原因	解决办法
梳齿的间隙过大或过小	刀具的形状不正确	更换新的刀具
表面的台阶过大	铣刀的位置不正确	重新调整铣刀的位置
梳齿起毛，表面质量差	铣刀已经磨损	研磨铣刀、更换新铣刀

六、作业与思考

1. 梳齿机的作用是什么？
2. 简述梳齿机的结构。
3. 梳齿机的调试有哪些内容？
4. 梳齿机如何操作？
5. 梳齿机加工中产生质量问题的原因及解决方法有哪些？

任务4　接长机的调试与操作

一、学 习 目 标

（一）知识目标

掌握有关集成材的知识。

（二）能力目标

1. 具有正确调试和操作接长机的能力；

2. 具有正确处理接长机加工产生的质量问题的能力。

二、任务描述

某家具厂要把在梳齿机开出齿的短木料接成长 2120mm 的木料。接长机工序工艺卡片如图 4 – 25 所示。

工艺卡片

零件名称	门边料	工序内容	短料接长
使用设备	接长机	使用刀具	

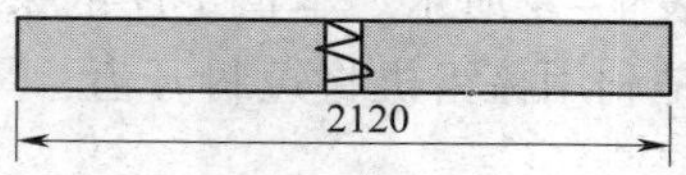

2120

技术要求:
1. 插接间隙: <0.2mm。
2. 工件搭接错位差: <0.3mm。
3. 长度公差: +20mm。

图 4 – 25 接长机工序工艺卡片

本道工序来料取自梳齿工序的已梳齿零件,下道工序是四面刨或砂光。本工序是采用接长机将 18mm 厚的木料接长成如图 4 – 25 所示长 2120mm 的部件,要求零件的对接处过渡平缓,不出"台阶",同时对接严密且不出现劈裂。零件的尺寸公差如表 4 – 6 所示。

表 4 – 6 　　　　　　　　　　零件的尺寸公差

长度公差/mm	插接间隙/mm	工件搭接错位差/mm
+20	<0.2	<0.3

三、相关知识

(一)接长机的分类与特点

开好指状榫的零件,必须利用接长机将其在纵向上加压(指状榫上须涂胶),通过指状榫的插接,把短木料接长成为长木料。接长机作为梳齿机的配套设备,是家具厂和集成材厂的常见木工机械。

(二)接长机的结构

1. 加工设备

接长机有自动、半自动和手动之分,这里以常见半自动接长机为例。图 4 – 26 为半自动接长机。

2. 接长机参数

表 4 – 7 所示为某款两种接长机的设备参数。

图 4 – 26 半自动接长机

表 4 - 7　　　　　　　　　　　　　　接长机设备参数

参数值　　　设备型号　　　项目	MH1525/J	MH1540/J
最大对接长度/mm	2500	4000
最大对接宽度/mm	120	120
最大对接厚度/mm	70	70
最大对接力/kN	80	80
最大锯片直径/mm	305	305
安装功率/kW	2.2 × 2	2.2 × 2

3. 接长机的结构

接长机由床身、工作台、压紧机构（包括上面压紧、侧面压紧及纵向压紧）、横截锯、液压控制系统等组成。

（三）接长机的设备调整

（1）定长截断锯片的拆装；

（2）进给装置的调整；

（3）在加压接长前，需要对工件的榫齿进行涂胶；

（4）纵向加压压力的调整；

（5）侧向加压压力的调整；

（6）加压时间的调整。

（四）接长机安全操作规程

操作接长机时，应注意遵守下列安全技术操作规程：

（1）非本机机台手禁止上机操作和调整设备；

（2）禁止穿高跟鞋与拖鞋操作；

（3）加压时应将手离开被挤压木材和设备，避免挤伤；

（4）锯断木材时，严禁将手靠近锯片部位；

（5）液压压力表应调整在规定的工作压力下；

（6）操作者如发现异常情况，应及时停车请专业人员检修。

（五）接长机的日常维护与保养

操作者在使用接长机时，必须注意保护设备，以免造成不必要的损伤，这也是操作者的任务之一。

（1）操作者应该保持工作环境的整洁，及时清理；刀具、夹具等要摆放有序，不要放在设备的上面，以免掉到正在运转的设备中；

（2）控制接长机的操作负荷，保证接长机在规定的负荷下工作；

（3）接长机运转时，一定要认真观察接长机的工作状况，发现运转声音异常及轴承过热的现象及时停车检查；

（4）接长机的安全装置要保持完好，不要随便取下；

（5）及时检查接长机液压系统的运转情况，定期添加液压油；

（6）工作结束后，切断电源，清扫周围的环境。

四、任 务 实 施

（一）设备调试

1. 定长截断锯片的拆装

将接长机锯机箱箱门打开，用硬木料卡住锯片使其不能转动，然后用扳手将锯片固定螺栓拧松，将锯片卸下，换上锋利锯片，注意锯片的正确安装方向，将螺栓拧紧。

2. 进给装置的调整

调整进料装置是为了调整进料厚度和压力，根据进料厚度的大小，旋转升降手轮使辊筒壳体升降，来调节对工件的压力。

3. 涂胶

在加压接长前，需要对工件的榫齿进行涂胶。胶种选择聚醋酸乙烯酯乳液，固体含量大于52%。其涂胶量的大小为 $0.2 \sim 0.25 \mathrm{g/cm^2}$ （单面），一般可采用手工涂胶的方法。

4. 纵向加压压力的调整

纵向加压是由液压系统来实现的。压力的大小对接长的效果影响很大，要使接长获得足够的强度，又不至于使工件产生劈裂，就必须调整好加压压力。这一指标有国家标准，表4-8所示为 GB 11954—1989 规定的纵向加压值。

表 4-8 纵向加压值

	指榫长/mm	10	12	15	20	25	30	35	40	45
限值压力 /MPa	气干密度 < 0.69g/cm³	12	11.6	11	10	9	8	7	6	5
	气干密度 = 0.7 ~ 0.75g/cm³	15	14	13	12	11	10	8	7	6

以上为工件的加压值，确定系统表压力值 p_x 时需以此作为计算依据而进行调整。其计算公式是：

$$p_x = 4A \times p_g / (\pi D^2)$$

式中　A——工件截面积，$\mathrm{cm^2}$；

p_x——系统表压力值，MPa；

p_g——工件需要的压力，即表4-8中的值，MPa；

D——加压的液压油缸直径，cm。

系统的表压力值应按照上述公式计算、调整确定。

5. 侧向加压的调整

侧向加压由气动系统来实现。侧向加压装置由上方加压和侧向加压机构组成。加压时，上方压板和侧向压板分别在工件的上方和侧向进行加压，其气缸压力为 $0.4 \sim 0.6$ MPa。对不设同步装置的，需要将同一组气缸调整同步，避免磨损。

6. 加压时间的调整

接长机备有定时装置，可根据需要适当调整定时器来调整加压时间。

（二）接长机操作技术

1. 进料

将已经涂好胶的工件（涂胶端在后，无胶端在前）逐块相接依次送入料仓，同时观察设备内的进料情况而做出相应调整。

2. 零件码放

加工出的零件应横竖交错分层码放在地牛车专用或其他运载工具能够叉起的平整坚固托盘上。零件码放应结实整齐，不下陷、不歪斜。垛的大小尺寸应考虑工件的长、宽，尽量码成与托盘的大小相近，高度可在 1～1.2m。

五、知识拓展

(一) 接长机的加工标准

零件加工标准的尺寸公差见前文表 4－6。

(二) 接长机的质量检验

1. 检验内容与方法

木材材质检验，检验方法为目测；其加工质量的检测方法采用目测与手摸。

2. 检验规则

应实行操作者对首件工件进行自检后交由指导师傅复检，合格签字确认后方可进行其他工件的加工。在加工过程中，操作者要经常对自己所加工的零件进行预防性检查。

(三) 接长机加工常见缺陷、产生原因及解决办法

加工质量控制：合理选材，劣材不上机；控制好纵向加压压力，保证不出废品；随时观察检测工件的质量，保证批量工件合格。常见缺陷、产生原因及解决办法如表 4－9 所示。

表 4－9　　　　　　　　接长机加工常见缺陷、产生原因及解决办法

缺陷名称	产生原因	解决办法
接长的木料出现缝隙	纵向加压的压力过低	提高纵向加压的压力
接长的木料出现劈裂	纵向加压的压力过大	降低纵向加压的压力
接长的木料不直，表面质量差	上面、侧面压力过低	提高上面、侧面加压的压力

六、作业与思考

1. 接长机的作用是什么？
2. 简述接长机的结构。
3. 接长机的调试有哪些内容？
4. 接长机如何操作？
5. 接长机加工中产生质量问题的原因及解决方法有哪些？

任务 5　双端铣床的调试与操作

一、学习目标

(一) 知识目标

1. 掌握木工双端铣床的结构；
2. 掌握双端铣床的安全操作要求。

(二) 能力目标

1. 能够使用木工双端铣床加工木制品；

2. 能够对双端铣床做日常维护和保养。

二、任 务 描 述

使用双端铣床将经过纵向成型加工的规格为长 912mm、宽 90mm、厚 18mm 的实木地板料两端加工成如图 4－27 所示规格的榫舌和榫槽。

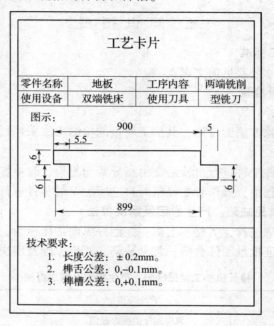

图 4－27　双端铣床加工工艺卡片

工艺卡片

零件名称	地板	工序内容	两端铣削
使用设备	双端铣床	使用刀具	型铣刀

图示：

技术要求：
1. 长度公差：±0.2mm。
2. 榫舌公差：0,–0.1mm。
3. 榫槽公差：0,+0.1mm。

三、相 关 知 识

双端铣床主要是对地板两个端面进行加工，确定地板长度并在两个端面铣出榫头、榫槽。双端铣床设备如图 4－28 所示。

威力连续式自动双端铣
WEINIG FLOORTECH 8CM

图 4－28　双端铣床设备

（一）双端铣床结构

双端铣床结构如图 4－29 所示。

WEINIG FLOORT ECH 8CM 技术参数：

工件长度：300～2450mm；工件宽度：50～300mm；工件厚度：6～30mm；进料速度：无级调速，最高 20m/min。

（二）设备调整

以威力连续式自动双端铣床（WEINIG FLOORT ECH 8CM）（见图 4-30）为例加以说明。

1. 堆料装置调整（见图 4-31）

（1）宽度调整　松开手柄 1，通过手柄 3 调整定位参照板 2，以便使工件顺利滑入，调整的宽度从显示表 4 上可以读出；锁紧手柄，为了使进料比较容易，调整定位参照板时，使推料装置与工件之间有 5mm 左右的间隙。

（2）长度调整操作　松开手柄 5，调整定位参照板 6，以便使工件顺利滑入；锁紧手柄 5。为了使锯片对工件能够进行正常的加工，工件的切削余量应≥5mm。

（3）在平衡气缸一侧，调整定位参照板，以便工件能顺利进入。工件在这端的对齐由气缸 7 完成。

（4）通过螺钉 8 可以调整平衡气缸的位置。

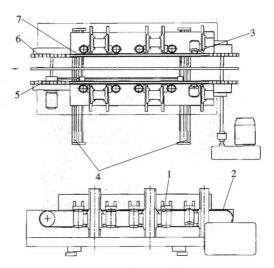

图 4-29　双端铣床结构简图
1—定位板　2—链轨　3—刀轴　4—床身导轨
5—横向进给挡块　6—链板　7—压紧装置

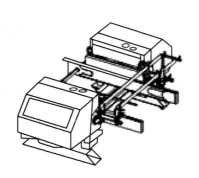

图 4-30　威力连续式自动双端铣床

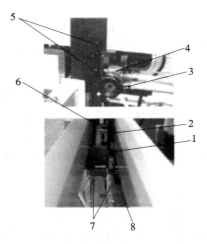

图 4-31　堆料装置调整
1、3、5—手柄　2、6—定位参照板
4—显示表　7—气缸　8—螺钉

2. 平衡气缸调整（见图 4-32）

松开锁紧手柄 2，调整行程开关 3 的位置，通过连接杆 1 使气缸总是作用于工件的中心线处；锁紧手柄。

3. 堆料支撑的调整（见图 4-33）

固定在右侧的行程开关 3 决定着堆料装置下堆料支撑 4 的动作。根据顶料气缸的工作位置，调整此行程开关在滑条 1 上的位置。

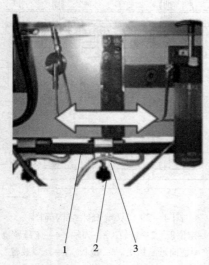

图 4 – 32　平衡气缸调整
1—连接杆　2—手柄　3—行程开关

图 4 – 33　堆料支撑调整
1—滑条　2、5—锁紧手柄
3、6—行程开关　4—堆料支撑

（1）松开锁紧手柄 2；

（2）调整行程开关的位置，确保顶料气缸没有进入工作位置时堆料支撑升降块升起；

（3）拧紧锁紧手柄。

固定在右侧的行程开关 6 决定着堆料装置下堆料支撑的动作。根据顶料气缸的工作位置，调整此行程开关至滑条上的位置。

（1）松开锁紧手柄 5；

（2）松开调整行程开关的位置，确保顶料气缸没有进入工作位置时堆料支撑升降块升起；

（3）拧紧锁紧手柄。

4．光电开关的调整（见图 4 – 34）

根据工作的需要调整光电开关，操作如下：

（1）松开并取下螺钉 1；

（2）将支撑架 2 放置合适的位置；

（3）重新装上并锁紧螺钉。

5．上压料带调整（见图 4 – 35）

（1）松开前支撑架上的锁紧手柄 1；

（2）转动后支撑架上的螺栓 2，顺时针方向为上升，逆时针方向为下降；

（3）检查显示表 3 上的读数，此计数应与工件厚度保持一致。当工件通过时进行调整效果最好，此时压料带被抬起约 3mm；

（4）锁紧手柄。

图 4 - 34　光电开关调整

1—螺钉　2—支撑架

图 4 - 35　上压料带调整

1—锁紧手柄　2—螺栓　3—显示表

4—旋钮　5—气压表

6. 气动辅助压紧装置调整（见前文图 4 - 35）

（1）慢慢旋转旋钮 4，旋钮上有方向，表示增大或减小；

（2）观察气压表 5 的读数，同时注意压紧装置的状况；

（3）当工件通过时进行调整效果最好，此时导块升起约 1mm。

7. 支撑块调整（见图 4 - 36）

根据支撑块顶端与滑道上端的水平状态进行调整。

（1）松开螺钉 3；

（2）根据实际情况调节螺栓 2，直至支撑块顶部与滑道其他部分平行；

（3）锁紧螺钉。

8. 加工长度调整（见图 4 - 37）

（1）松开手柄；

（2）转动调整丝杠 2，由显示表 3 上读出调整数值；

（3）锁紧手柄。

9. 锯片调整

锯片的高低位置关系到锯切加工角度及锯片与工件的接触面积，一般调为锯齿高出工件 20～30mm 为宜。

10. 基准面加工量调整

通过调整双端铣床入口处靠尺的位置来调整基准面加工量，一般基准面加工量调整为 4～5mm。

11. 刀具安装与调整

在双端铣床上进行三拼面层板条刨光料精截加工，主要是使用双端铣床的第一个刀轴，在第一个刀轴上安装精截圆锯片。

12. 锯片横向调整

右锯片比右型刀向外 2.5～3.5mm，左锯片比左型刀向外 2～3mm，导向锯与主锯必须在一条直线上，以保证板边锯路一致性。

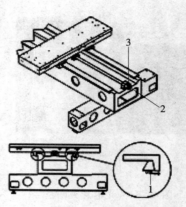

图 4 - 36　支撑块调整　　　　　　　　图 4 - 37　加工长度调整
1—导块　2—螺栓　3—螺钉　　　　　1—手柄　2—丝杠　3—显示表

（三）双端铣床安全操作规程

（1）开机前准备，检查安全装置并定期对传动部位润滑；

（2）启动前，检查锯片的工作状态，严禁使用有缺陷的锯片；待各项检查完毕后，方可启动机器；

（3）换装锯片时，切断电源，锁紧防护罩；

（4）依据加工量调整侧靠档位置，且侧靠档必须与锯片平行；调节两边输送带上的定位档，使每两个定位档（左右）在一条线上，且与侧靠档成90°；

（5）将板材放工作台上，端面紧靠90°定位板，匀速推上输送带；送料时两手要放在手推板材中间部位，禁止将手送至上下输送带中间位置；

（6）工作时，送料要均匀，切忌过快；接料时，严禁用力拉拽，以防损坏木料和锯片；

（7）工作过程中，如出现异常情况，必须立即切断电源；

（8）工作台面要及时清理，应及时清理锯下的碎料、杂物，保持清洁；

（9）作业结束，清理工作现场及打扫卫生；

（10）非工作时间，一定要加盖好安全装置，关闭除尘、气源按钮和电源。

（四）双端铣床维护和保养

（1）每班按操作规程做日常维护保养；

（2）每班对机床连轨、导轨、各个调节部位清洁润滑；

（3）每三个月对各轴承清洗，更换润滑脂；

（4）电气线路要有专人检查维护。

四、任务实施

（1）按图纸尺寸选择横向双端铣床，订制组合榫槽铣刀和榫舌铣刀；

（2）两精截锯调整为 900mm 间距，锯片与铣刀位置差左 5.5mm、右 5mm；

（3）设备操作要求：

① 开机前检查除尘设备是否正常，刀具是否锋利，安装是否紧固，各个调整手柄位置是否正确，安全机构有无问题；

② 各相关岗位人员到岗以待工作，设备各环节已具备开车状态，物料配备齐全，压缩空气压力达到规定值，操作人员站在设备旁准备开机；

③ 开机前按生产计划，将双端铣床的侧刀调整到规定长度；开机后，操作人员应经常自检，发现问题及时调整；

④ 操作人员从传送带上卸下木料，检查发现端头与板面不垂直的木料应挑出集中堆放并及时对机床进行调整，挑出侧面毛边、开裂严重的木料分别码垛，集中堆放待处理；

⑤ 将合格木料挑出色差，按长度规格集中上料，保证木料连续进料；带有毛面或槽痕的木料单独码放，以备毛面或槽痕板在下道剖分工序时能朝上放入待剖分的料；

⑥ 双端铣床进给速度为 8.0m/min 以上，如采用双精截锯加工进锯时要平稳；

⑦ 开机待刀轴转速正常后再进料，检查第一个产品尺寸是否合格，合格后再批量加工。

五、知　识　拓　展

双端铣床常见加工缺陷分析：

1. 加工后产品两端面不平行

原因 1：上压紧力不够，调整上压紧使其合适。

原因 2：导板与连扳不平行，调整使其相平。

2. 两端榫槽和榫舌偏移

原因 1：上压紧力不够，调整上压紧使其合适。

原因 2：导板与连扳不平行，调整使其相平。

六、作业与思考

1. 双端铣床结构特点如何？

2. 双端铣床调整有哪些要求？

3. 双端铣床加工主要注意事项有哪些？

模块五　钻削设备

任务　多排钻床的调试与操作

一、学习目标

（一）知识目标

1. 掌握多排钻床的类型与用途；
2. 掌握多排钻床的基本结构与组成；
3. 掌握多排钻床的安全操作规程。

（二）能力目标

1. 具备能正确调整多排钻床的能力；
2. 具备正确计算孔位尺寸的能力；
3. 具备处理常见质量问题的能力；
4. 具备多排钻床日常维护和保养的能力。

二、任务描述

根据工艺卡片的要求，使用多排钻床加工抽屉前后板的连接孔。要求如图5－1所示。

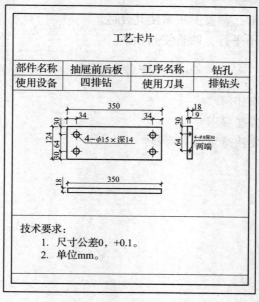

图5－1　多排锯床加工工艺卡片

三、相关知识

（一）设备分类

板式家具在人们生活中使用越来越多，生产工艺得以迅猛发展，圆棒榫和五金连接件应

108

用越来越广泛，在工件上钻取孔径和孔位精确的各种孔，已成为保证产品质量的重要工序。为了满足工艺的要求，尤其是板式家具大量生产和流水作业的需要，新型钻床不断涌现。在现代板式家具生产中，为提高生产效率和加工精度，广泛采用多排多轴木工钻床。采用较多的有三排多轴钻床、四排多轴钻床、六排多轴钻床等，其中以三排多轴钻床、六排多轴钻床应用的较为广泛。常用多排多轴钻床的参数如表 5-1 所示。现以 MZ7322 型六排多轴木工钻床来说明多排多轴钻床的基本结构和工作原理。

表 5-1　　　　　　　　　　　　　常用多排多轴钻床参数

型号 主要参数	MZ7321	MZ73216	MZ7321E	MZ73216E
最大加工宽度/mm	1230	2550	2500	2650
最小加工宽度/mm	—	240	90	530
主轴数	21×3	130	21×3	130
主轴中心距/mm	32	32	32	32
最大钻孔直径/mm	15	—	—	—
最大钻孔深度/mm	55	70	70	70
主轴转速/（r/min）	2840	2800	2840	2800
电机总功率/kW	1.5×3	13.24	4.1	14.14
水平钻组功率/kW	—	1.85×2	1.5	1.5×2
垂直钻组功率/kW	—	2.2×4	1.3×2	1.3×8
送料电机功率/kW	—	0.37×2	—	0.37×2
送料速度/（m/min）	—	60	—	60

（二）多排多轴钻床结构

MZ7322 型多排木工钻床一次可在工件上加工出多排孔，在板式家具的生产中应用广泛。图 5-2 所示为 MZ7322 型多排木工钻床外观和结构示意图，主要用于板式家具部件表面和侧面钻孔，以供圆棒榫和五金连接件装配用。该种钻床由机架、固定和移动水平钻排、下置垂直钻排、压紧装置、输送带装置及电器控制箱等组成。

机架 2 采用钢板焊接制成，由左右立柱、上下横梁机座组成龙门式结构，用于各钻排、压紧器、电控箱等部件的连接和支撑，机床左侧安装有水平固定钻排 3，其上排列有 22 根钻轴；右侧水平移动钻排 8 可沿机座的导轨水平移动，以适应不同长度工件加工的需要，其上也排列有 22 根钻

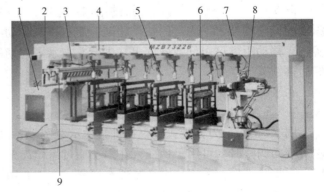

图 5-2　六排钻床结构

1—电气箱　2—机架　3—水平固定钻排　4—电子控制盘
5—压紧装置　6—垂直钻排　7—急停拉线开关
8—水平移动钻排　9—定位杆

轴，其钻排可做45°或90°调整，以保证特殊孔位加工的需求。下置的八组垂直钻排6均安装在机座的导轨上，松开锁紧装置可使其沿导轨水平移动，以调节钻排之间的距离；每个钻排由两个11根钻轴的独立小钻排组成，小钻排可做定轴90°旋转。工件压紧由气动压紧装置5实现，压紧装置根据加工需要可在上横梁上水平移动。钻床可配输送带，操作时只需人工将工件放置在输送带上，工件可自动完成送料、钻孔和退料过程。

该机床各部件通用性强，组合灵活、方便，如去掉输送装置即为半自动多排多轴木工钻床；装上圆棒涂胶机还能组成钻孔－涂胶－圆棒榫装入联合机。

1. 水平固定钻排的结构

图5-3所示为水平固定钻排的结构示意图。钻轴箱4安装有22根钻轴，由电动机7通过花键轴、联轴器使一根主动钻轴旋转，然后通过齿轮分别驱动各钻轴旋转。由于采用外啮合齿轮传动，故各相邻钻轴旋转方向相反，而相间钻轴旋转方向相同，因此所使用的钻头有左旋、右旋之分，通常涂上红色、黑色以示区分，安装时不能装错，钻轴向水平方向的进给由进气缸6来实现。钻削深度可通过旋钮5调节：当转动旋钮时，与旋钮连在一起的限位圆柱可在气缸活塞杆上移动，使气缸的行程改变，从而控制钻削深度（其值由标尺示出）。钻轴箱的进给速度可通过控制板上的节流阀的调节旋钮调节。限位开关的作用：一是钻削行程结束时，控制气动换向阀换向；二是通过时间继电器控制钻轴箱返回到原位的时间。转动手轮2，通过丝杠螺母机构带动钻轴箱沿两根圆柱形导轨1垂直升降，钻轴箱高度的升降值可由计数器3显示出，调整时可先松开锁紧手柄，调好后再锁紧。

图5-3 水平固定钻排的结构
1—圆柱形导轨 2—手轮 3—计数器 4—钻轴箱
5—旋钮 6—气缸 7—电动机

2. 水平移动钻排的结构

图5-4所示为水平移动钻排的结构示意图，水平移动钻排钻轴箱5高度的调整和钻削深度的调整均与水平固定的钻排相同，左右横向移动由底座电动机通过蜗杆蜗轮减速驱动来实现，移动距离可由计数器读出。进行左右水平移动调整时，必须先松开锁紧装置气缸，调好后再锁紧。

水平移动钻排钻轴箱的钻轴方向可做90°旋转。

3. 垂直钻排的结构

图5-5所示为分段式垂直钻排结构示意图。钻轴箱3由电动机2驱动。钻轴箱底座需左右移动调整时，可用手柄插入孔内，通过齿轮齿条机构来实现，调整值可由计数器7显示出。调整结束后，需用气缸锁紧器6锁紧，支架8用于安装支撑杆。垂直钻排的升降由一个气缸来实现。随着切削深度的变化，切削阻力也发生相应的变化，因此，在进给气缸侧面装有阻尼气缸。开始钻削时，由于阻尼气缸未起作用，故钻削速度较快。当钻入一定深度时，阻尼气缸起作用，使进给速度适当缓慢以满足切削要求。每个底座上有两组钻箱，钻箱可做水平90°旋转。

图 5 - 4　水平移动钻排的结构
1—电动机　2—手轮　3—计数器
4、6—气缸　5—钻轴箱

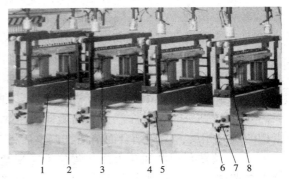

图 5 - 5　分段式垂直钻排的结构
1—底座　2—电动机　3—钻轴箱　4—手柄
5、6—锁紧器　7—计数器　8—支架

（三）多排多轴钻床调整

1. 钻头安装

（1）根据工艺卡片的要求选用相应直径的钻头，将钻头插入钻套中，一定要插到底，然后锁紧螺丝，每个钻头装到钻套后，其高度要一致，如不一致，则调节钻柄后部的小螺丝；

（2）根据钻轴的旋向选用相应旋向的钻头，将装好钻头的钻套插入与钻头旋向一致的钻座中；

（3）根据孔间距安装相应的钻头，相邻钻头相反，间距 32mm，两钻孔间距是 32 的奇数倍就选择相反旋向的钻头，两钻孔间距是 32 的偶数倍就选择相同旋向的钻头。例如两个钻孔间距是 96mm，就选择旋向相反的钻头。

2. 加工长度方向尺寸的调整

根据工艺卡片的要求进行定位。前文图 5 - 5 中，打开气动锁紧装置 6，移动钻轴箱 3 的位置，使底座上的标尺读数与要求的一致，调整后锁紧气动锁紧装置。

3. 加工宽度尺寸的调整

根据工艺卡片的要求和选用的钻头的位置确定前文图 5 - 2 中定位杆 9 的位置，即：定位杆的位置 = 钻头的位置标注尺寸 + 工艺卡片要求孔到板边的距离。例如，钻头的安装位置尺寸 160mm，图纸要求孔到板边距离 50mm，则定位杆的位置 = 160 + 50 = 210（mm）。

4. 钻孔深度的调整

（1）垂直方向（见前文图 5 - 5）　根据工艺卡片的要求，旋转调节手柄 4，调节钻孔的深度由计数器 7 显示；

（2）水平方向（见前文图 5 - 3）　根据工艺卡片的要求，调节定位螺杆到限位开关的距离，即：螺杆到限位开关的距离 = 钻头到板端的距离 + 所需钻孔深度。例如，钻孔深度要求 20mm，钻头到板端距离 15mm，螺杆到限位开关的距离 = 15 + 20 = 35（mm）。

（四）安全操作规程

（1）操作者要精神集中，并系好衣扣，特别是袖口扣子；不能佩戴手表、手镯等饰物；

（2）加工前应注意下列事项：

① 认真审阅技术文件（图纸等）与所加工板件是否一致，防止误工；

② 使用的测量工具必须经过校验，保证测量精度；

③ 设备清理干净，无划伤等因素存在；

④ 加工基准与设计基准一致，确保加工尺寸符合图纸及产品结构公差要求。

（3）接通电源、气源后，将机床拨到"调整"挡位，按照下列步骤进行调整：

① 调整确定定位杆"0"点位置，作为加工定位基准；

② 开机前按照图纸要求，严格确定钻头的规格；

③ 配置钻头时，应注意钻头的旋向与卡轴之间的装配关系，原则是钻头的旋向与卡轴卡槽的旋向相反；保持结合面清洁，调整后将钻轴固定；

④ 调整钻孔深度和孔边距，调整后应锁紧固定，特别应注意加工偏心件孔位的水平钻与垂直钻调整时，不得同时调整，以免伸出钻尖在空间相撞造成意外事故；

⑤ 合理固定压紧装置的位置，必要时在支架上放置辅助板，以便压紧工件；

⑥ 小件板件加工时，应采取必要的辅助措施，如制作模具、靠板条等。

（4）加工时，将机床拨到"工作"挡位，并打开相应钻轴箱和压紧装置开关，应注意下列事项：

① 机器运行期间，操作者不得擅离岗位，遇有异常情况，应紧急关机；

② 加工时，要将部件孔内碎屑清理干净，部件摆放整齐；

③ 首件必检，并且与技术工艺文件核对；测量后与相关板件试装，加工过程中需进行抽检；

④ 每次开机前，必须严格检查工件的各项指标；

⑤ 操作台上不许摆放工件、杂物，随时保持机台清洁，做好文明加工；

⑥ 操作中间歇较长时间时，应关掉各组钻轴箱，减少不必要的能源及设备损耗。

（5）操作结束后，关掉电源、气源，使各钻轴箱恢复"0"位，保持设备清洁。

（五）多排钻床日常维护和保养

每班开机前检查气动装置是否正常，排出气动三联件的水，补加润滑油；给各滑道加注润滑油。每300h给各钻组齿轮箱加注润滑脂。

四、任 务 实 施

（1）根据图纸选择多排钻类型为四排钻，选择直径为8mm、15mm相同转向的排钻头各4个；

（2）根据图纸尺寸按正确方法调整好机床；板件基准边作为A面，靠A面的孔所用钻头安装在32钻座上，所以定位杆的指针调到与所选钻座同侧62mm位置，四排钻组同时加工，八个孔位一次完成；

（3）开机前，检查机床各部位是否调整到位，压紧器位置是否合适；开启电子控制面板，打开钻组操作菜单，开启四个钻组空车运行，检查钻组工作是否正常；

（4）将板件平稳放在支撑梁上基准边紧靠定位杆，相邻短边紧靠水平固定钻组前的支撑梁，开启钻组加工；第一件产品要检查是否合格，若不合格则重新调整。

五、知 识 拓 展

多排钻加工中常见问题：加工基准与设计基准不一致，加工尺寸不符合图纸及产品结构公差要求。解决办法：加工基准与设计基准一致，确保加工尺寸符合图纸及产品结构公差要求。

为了说明这个问题，现举一个简单的例子，如图5－6所示。

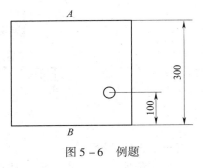

图 5－6 例题

定位方法 1：以 A 面为基准定位加工，孔到板边的距离为 100mm。

定位方法 2：以 B 面为基准定位加工，孔到板边的距离为：$300-200=100$（mm）

应该为：板的实际尺寸 $300-200=100$（mm）

如果板的实际加工后的尺寸为（300 ± 0.5）mm，则孔到板边的距离为：$300.5-200=100.5$（mm）
$$299.5-200=99.5 \text{（mm）}$$

则方法 2 没有达到图纸的要求。

六、作业与思考

1. 多排钻的主要结构有哪些？
2. 多排钻的调整有哪些要求？
3. 分析多排钻加工中定位基准的选择原则。

模块六　磨　削　设　备

任务 1　宽带砂光机的调试与操作

一、学　习　目　标

（一）知识目标

1. 了解宽带砂光机分类与特点；
2. 掌握宽带砂光机的结构；
3. 掌握宽带砂光机安全操作规程。

（二）能力目标

1. 能进行宽带砂光机的调整与操作；
2. 能处理宽带砂光机加工常见质量问题。

二、任　务　描　述

某家具厂有一批板状集成材，规格为 1800mm×1200mm×20mm，表面高低不平且有胶渍。需进行定厚砂光加工，要求成品表面光滑，最终厚度为（18±0.2）mm。

三、相　关　知　识

（一）宽带砂光机用途和特点

砂光机又称磨光机，是用磨具（通常用砂布或砂纸）对各种人造板、木制品构件和木质零件的已加工表面进行精加工（磨光或抛光）的一类机床，是木制品零件或组件的最后一道磨削加工工序。

（二）宽带砂光机的类型

1. 宽带砂光机的砂架类型

砂架是砂削的组合体（砂削头），砂架形式是指砂带与工件的接触形式。砂架形式有三种，即辊式砂架、压带式砂架、组合式砂架，如图 6-1 所示。

图 6-1（a）为辊式砂架示意图。砂带张紧在两个辊筒上，接触辊 2 将砂带 1 压紧在工件 6 的表面上进行砂光。接触辊具有一定的硬度，砂带与工件接触面积小，砂削压力大；砂带粒度粗，砂削量大，砂削表面残留划痕，故一般用粗砂作定厚砂光。

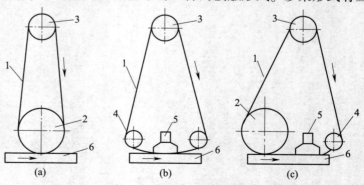

图 6-1　宽带砂光机的砂架形式

（a）辊式砂架　（b）压带式砂架　（c）组合式砂架

1—砂带　2—接触辊　3—张紧辊　4—导向辊　5—压带器　6—工件

图 6-1（b）为压带式砂架示意图。砂带张紧在三个辊筒上，通过处于两个平行排列的导向辊 4 中间的弹性压带器（压垫）5 将砂带压紧在工件的表面进行砂光。压带器有一定的宽度，砂带与工件的接触面积较大，砂削压力较小；砂带粒度细，砂削量小，砂削表面光洁，故用于精砂。

图 6-1（c）为组合式砂架示意图。组合式砂架是由接触辊和压带器组合而成。它具有三种功能：升起压带器，降下接触辊，则成为辊式砂架，用于粗砂；升起接触辊，降下压带器，则成为压带式砂架，用于精砂；同时降下接触辊和压带器，则成为组合式砂架，用于联合砂光（粗、精砂）。

在各种形式的砂架中，驱动砂带的辊筒是不同的。少数砂光机是以接触辊和导向辊作为驱动辊，或设置单独的驱动辊。多数砂光机是以张紧辊作为驱动辊。为了使砂带沿轴向窜动，则张紧辊需作微量摆动。张紧辊作为驱动辊且又要摆动，其与电动机的

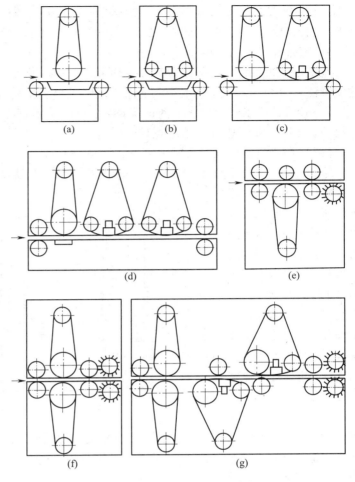

图 6-2　宽带砂光机砂架的组合与配置
（a）单个辊式砂架置于上方　　（b）单个压带式砂架置于上方
（c）一个辊式与一个压带式砂架组合　（d）一个辊式与两个压带式砂架组合
（e）单个辊式砂架置于下方　　（f）上方、下方各一个辊式砂架
（g）上方、下方各一组辊式砂架与组合式砂架组合

联系方式有两种：一种为电动机经皮带传动带动张紧辊，电机随张紧辊一起摆动；另一种为电动机经万向轴张紧辊相连，张紧辊摆动，电动机不动。

2. 宽带砂光机砂架的组合与配置

根据加工要求的不同，宽带式砂光机砂架的组合与配置具有多种形式。常用的形式如图 6-2 所示。

图 6-2（a）为单个辊式砂架配置在工作台上面的砂光机，用于粗砂。图 6-2（b）为单个压带式砂架配置在工作台上面的砂光机，用于精砂。图 6-2（c）为辊式与压带式两个砂架组合配置在工作台上面的砂光机，工件一次通过完成粗砂和精砂。图 6-2（d）为一个辊式与两个压带式砂架组合配置在工作台上面的砂光机，工件一次通过可获得光洁的表面。图 6-2（e）为单个辊式砂架配置在工作台下面的砂光机，粗砂工件（胶合板）的背面。图 6-2（f）为两个辊式砂架组合对称配置在工作台上、下两面的双面砂光机，用于定厚粗砂。图 6-2（g）为两个辊式砂架和两个组合式砂架组合配置在工作台上、下两面的双面砂

光机，对称配置的两个辊式砂架完成定厚粗砂，错开配置的两个组合式砂架完成精砂或联合砂光。在家具生产中，常用图6－2（c）和图6－2（d）所示的砂架配置形式。

3．宽带砂光机的类型

宽带砂光机，按砂带数目分为：单砂带式，双砂带式，多砂带式。按砂带相对于工作台的配置位置分为：砂带位于工作台上面（砂削工件表面），砂带位于工作台下面（砂削工件背面），砂带位于工作台上、下两面（同时砂削工件两面）。按进给机构的类型分为：履带进给的宽带砂光机和辊筒进给的宽带砂光机。

（三）履带进给单面宽带砂光机

尽管宽带砂光机的类型很多，但应用最广泛的还是履带进给单面宽带砂光机。其工作台与进给机构连成一体，进给履带（橡胶带）沿工作台面循环滑行，带动工件通过砂带。通过升降工作台来调整通过工件的厚度。根据砂削工件的要求不同，工作台连同进给机构被调整到一定高度后，可以使其固定或处于弹性浮动状态。

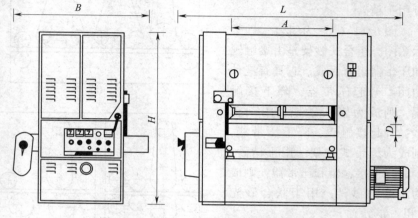

图6－3　CSB2－1300型宽带砂光机外形图

这里介绍荷兰范德林顿工厂制造的CBS2－1300型宽带砂光机，如图6－3所示。它属于履带进给的宽带砂光机，适用于砂光各种人造板、板式家具零件以及窗框等。CSB2－1300型宽带砂光机具有两个砂架配置在机床的上部，第一个为辊式砂架，用于粗砂；第二个为压带式砂架，用于精砂。

1．组成及工作原理

如图6－4所示，CSB2－1300型宽带砂光机主要由机架、砂架、压力规尺、工作台、进给机构、控制机构及除尘装置等组成。

工作原理为：将砂削的工件放于工作台8上的进给履带9上，传动装置15带动履带及工件沿工作台面滑行，通过由电动机6、7驱动的辊式砂架1和压带式砂架2，以及相间配置的压力规尺10、11和12，接触辊和压带器5将砂带压在工件表面上进行砂光。砂下的木粉经吸尘管14被吸走。前压力规尺10的高度可以调整，调至某一高度后，可使其固定或处于浮动状态。工作台安装在

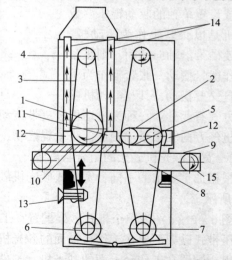

图6－4　CSB2－1300型宽带砂光机结构示意图
1—第一号砂架　2—第二号砂架　3—砂带　4—张紧辊
5—压带器　6、7—电动机　8—工作台　9—进给履带
10、11、12—前、中、后压力规尺　13—工作台升降电动机
14—吸尘管　15—进给履带传动装置

四根丝杆上，其高度可借助电动机 13 或手轮来调整，调至某一高度后，可使其固定或处于浮动状态。因此，该机可完成两种砂削工作。定厚砂光时，工作台固定，前压力规尺浮动；表面砂光时，工作台浮动，前压力规尺固定。砂削量由前压力规尺的下表面和中、后压力规尺下表面之间的高度差确定。

2. 砂架

（1）辊式砂架　图 6-5 所示为辊式砂架结构图。砂带套装在接触辊 1 和张紧辊 2 上，利用气缸 3 使其张紧，气缸由开关 4 控制。张紧辊上升的极限位置是内螺栓 5 上的限位螺母来控制的。调整接触辊的高度时，放松锁紧手柄 11，转动手柄 8，通过链传动 9，转动偏心轴承套 10 来实现，再用手柄 11 锁紧。更换砂带时，降下张紧辊，放松手柄 6，取出垫块 7，即可从缝隙中拉出砂带。

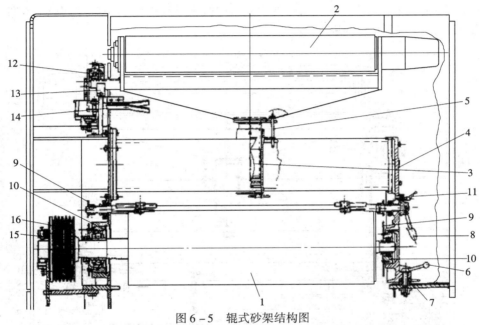

图 6-5　辊式砂架结构图

1—接触辊　2—张紧辊　3—气缸　4—压缩空气开关　5—支承螺栓　6、8、11—手柄　7—垫块
9—链传动　10—偏心轴承套　12—调压阀　13—压力表　14—V 形架　15—制动闸　16—皮带轮

张紧砂带的空气压力由调压阀 12 调节，并由压力表 13 显示压力的大小。砂带轴向往复窜动是由装在 V 形架 14 上的气动信号传送器控制的。

发生故障（脱带或断裂等）时，砂带作用于安全开关上，切断主电动机的电源，同时接触辊端部的气动制动闸 15 立即动作，可在 2~3s 使接触辊停止转动。制动闸装在驱动接触辊的皮带轮 16 内。

接触辊如图 6-6 所示，为一钢制圆筒，其表面包覆硬橡胶层（硬度约为 80SHA），并沿 45° 螺旋角开有螺旋槽，接触辊运转时，空气在其螺旋槽中流通，起到冷却砂带的作用。因此，允许采用较大的研磨压力和加工余量。由于表面橡胶很硬，弹性变形及磨损

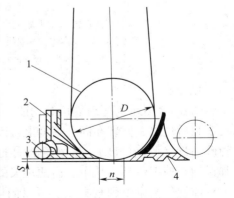

图 6-6　接触辊的工作原理
1—接触辊　2—前压力规尺
3—导引辊　4—中间压力规尺

较小，砂带与工件表面的接触宽度很窄，砂屑不易黏附于砂粒空隙中，因而适用于较大的砂削深度。砂下的砂屑经过规尺上的吸尘口被排除。定厚砂光时所用砂带的粒度号为 60~100#，表面砂光时所用砂带的粒度号为 80~100#。

（2）压带式砂架　图 6-7 所示为压带式砂架结构图。压带式砂架与辊式砂架的不同点在于：砂带被张紧在三个辊筒上，在两个主动辊 1 之间装有压带器 18。压带器借助销轴 9 装在吊架 10 上，转动手柄 8，通过偏心轴 19 升降压带器 18 调整其高度。在两个主动辊之一的轴端皮带轮 16 内装有制动闸 15。压带器为铝制的长条平板，其上表面经磨光并包覆一层含石墨的布，以减少与砂带背面的摩擦和由于摩擦而产生的热量。压带器安装在可调的垂直支架上。压带器使砂带与工件有较宽的平面接触，而且所采用砂带的粒度号较大，单位压力较低，以较小的砂削量消除辊式砂架粗砂时残留的划痕，达到精砂的目的。所用砂带规格与辊式砂架的相同，但粒度号较大，定厚砂光时所用砂带的粒度号为 100~150#，表面砂光时所用砂带的粒度号为 120~180#。

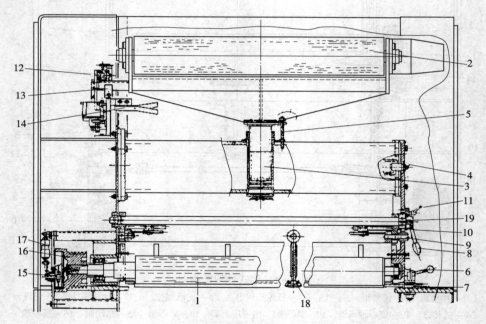

图 6-7　压带式砂架结构图

1—主动辊　2—张紧辊　3、17—气缸　4—压缩空气开关　5—支承螺栓
6、8、11—手柄　7—垫块　9—销轴　10—吊架　12—调压阀　13—压力表
14—V 形架　15—制动闸　16—皮带轮　18—压带器　19—偏心轴

3. 压力规尺

图 6-8 所示为压力规尺结构图。压力规尺共有三个，其前规尺 1 的高度可调，中间规尺 2 和后规尺 3 安装在同一高度上且固定不动。前规尺与中、后规尺的下表面之间的落差即为砂削量（砂削深度）。接触辊圆周的最低点应调整到比中间规尺下表面低 0.05~0.2mm，其目的是使工件易于从中、后两规尺的下面通过。

前规尺被调整到某高度，可以固定也可以浮动。前者用于表面砂光，后者用于定厚砂光。前后两规尺各配有一个引导辊 4、5，以利于工件的导入和退出。规尺兼做吸尘口，以排除砂削下的木粉。

4. 砂带轴向窜动控制装置

为了防止砂带跑偏而滑脱，并提高砂削表面的质量，砂带作等速回转的同时，并沿辊筒轴线方向在两端极限位置之间往复窜动。这一运动是由专门的气动控制装置实现的。图6－9所示为砂带轴向窜动控制装置示意图。

张紧辊1由偏心轴2带动，以张紧气缸3的柱塞为轴心在水平面内往复摆动，则砂带沿轴向往复窜动。砂带窜动的方向决定于张紧辊的摆动方向，而张紧辊的摆动又由砂带的位置来控制。当砂带4处于左边位置时，来自气路B的控制气流（压力0.4～0.45MPa），经传动器5到接收器6内，并进入气控二位四通换向阀7的先导薄膜阀内，则换向阀换向。气路A的气流（压力0.45MPa）经减压阀8（压力降到0.3MPa）从换向阀进入气缸10的右腔，活塞杆伸出，推动圆盘11转动，通过圆盘的偏心轴带动张紧辊摆动，于是砂带开始向右边窜动，当砂带边缘阻断传动器与接收器的通路时，则换向阀的先导薄膜阀失去气压作用，换向阀复原。主气路的气流进入气缸的左腔，活塞杆缩回，圆盘反转，则偏心轴带动张紧辊向另一边摆动，于是砂带又开始向左窜动。如此连续地重复，利用手柄12调整砂带窜动的幅度，调整后应锁紧手柄。

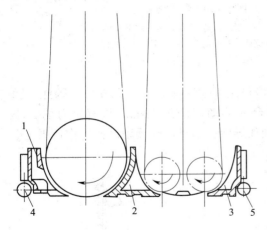

图6－8 压力规尺

1—前规尺 2—中间规尺 3—后规尺

4—前引导辊 5—后引导辊

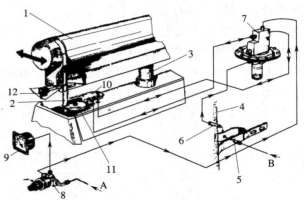

图6－9 砂带轴向窜动控制装置

1—张紧辊 2—偏心轴 3—张紧气缸 4—砂带

5—传动器 6—接收器 7—薄膜式气控二位四通换向阀

8—减压阀 9—压力表 10—气缸 11—圆盘 12—手柄

5. 制动装置

辊式砂架的接触辊一端及压带式砂架的一个主动辊端均装有制动装置（前文中图6－5、图6－7中的15），以备紧急情况下制动。两个制动装置的结构基本相同。

图6－10所示为压带式砂架主动辊制动装置图。制动鼓1与传动皮带轮制成一整体，并安装在辊筒轴上。与机架相连接的支架2上固定着制动闸的所有零件。圆盘3焊接在支架上，圆盘的一侧用销轴4铰接地安装着两片半圆形的闸瓦5，在它们的工作表面上固定有摩擦片6。砂光机正常工作时，两片闸瓦由两根弹簧7拉紧收拢，使摩擦片与制动鼓分离。圆盘的另一侧装有凸轮8，凸轮轴通过杠杆9与单作用气缸10的活塞杆相连，制动时，控制气缸的换向阀动作。压缩空气进入气缸腔，推动活塞，并通过杠杆使凸轮转动，张开闸瓦，其上摩擦片立即与制动鼓内表面接触而刹住制动鼓（皮带轮）。松时，气流上腔压缩空气排空，在扭转弹簧11的作用下，使凸轮与气缸活塞杆复位。

6. 工作台与进给机构

图 6 - 11 为工作台与进给
机构结构图。整个工作台部件
安装在四根升降丝杠 7 上，可
按砂削工件的厚度调整其高度。
当进行表面砂光而不要求达到
相同厚度时，应将工作台调整
到浮动状态；当进行定厚砂光
时，则应将工作台固定在某一
高度上。工作台浮动的调控，
旋转手轮 8（每侧各一个），使
丝杠端部的螺母锁紧块后退与
导轨 9（每侧各一个）分离，
导轨与横梁 10 之间可有相对位
移，即导轨可沿固于机架上的
导向槽或滚轮垂直移动。工作
时，工作台的重力及砂削负荷
通过转臂 11 和横梁作用在拉伸

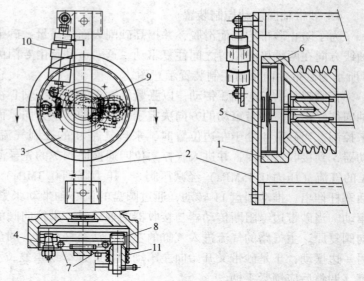

图 6 - 10　制动装置
1—制动鼓　2—支架　3—圆盘　4—销轴　5—闸瓦
6—摩擦片　7—弹簧　8—凸轮　9—杠杆
10—气缸　11—扭转弹簧

弹簧 12 上，使工作台下移。当负荷去除时，在弹簧作用下，工作台又上升复位。因此，随
着砂削负荷的变化，工作台即可实现浮动。工作台的浮动范围约 3mm。弹簧拉力的大小
（即浮动灵敏度）可用手轮 13 调节。旋转手轮 8 锁住导轨，即可消除浮动而使工作台固定。

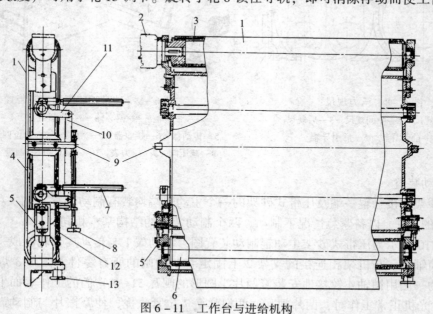

图 6 - 11　工作台与进给机构
1—履带　2—变速器　3—主动辊筒　4—工作台　5—调节螺栓　6—张紧辊筒
7—丝杠　8、13—手轮　9—导轨　10—横梁　11—转臂　12—弹簧

进给履带 1 绕装在工作台两端的辊筒上，由电动机经变速器 2 和主动辊筒 3 带动，使其
沿工作台面 4 运行而带动工件进给。进给履带的张紧程度可通过调节螺栓 5 改变张紧辊筒 6

的位置来实现。

图 6 – 12 所示为工作台升降传动机构示意图。工作台升降有两种方法，即机动和手功。机动升降：电动机 12 经蜗轮传动 13、链传动 11（链轮内孔为阴螺纹），使丝杠 5 轴向移动而带动工作台升降。手动升降：合上离合器，转动手轮 14，经蜗轮传动、链传动，使丝杠轴向移动而带动工作台升降，以精确调整其高度。

图 6 – 13 所示为进给机构传动装置结构示意图。电动机 1 通过锥形轮式无级变速器 2 带动减速器 3 及与其输出轴相连的主动辊筒 4，主动辊筒带动履带实现进给。进给速度由手轮无级调节，并用手柄 5 锁紧。

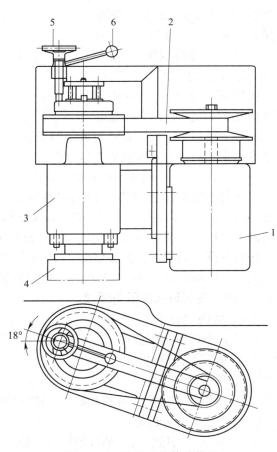

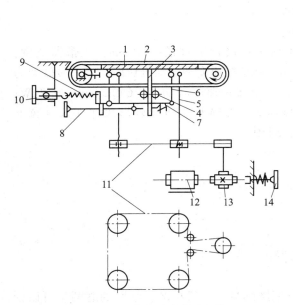

图 6 – 12　工作台升降传动机构

1—工作台　2—进给履带　3—导轨　4—导向滚轮
5—丝杠　6—转臂　7—横梁　8—手柄　9—弹簧
10—手轮（螺母）11—链传动　12—电动机
13—蜗轮传动　14—手轮

图 6 – 13　进给机构传动装置

1—电动机　2—无级变速器　3—减速器
4—主动辊筒　5—锁紧手柄　6—变速手轮

CSB2 – 1300 型宽带砂光机采用机械式的工作台浮动装置，其结构复杂，调整困难，且浮动灵敏度难以控制。因此，有些宽带砂光机上采用气 – 液压工作台升降和浮动装置。

图 6 – 14 所示为 CSB – 600/900 型宽带砂光机工作台升降和浮动装置的气 – 液压系统图。压缩空气自气源 1 进入，经减压阀 2、换向阀 8 进入油箱 6 的上腔。油箱中的油在压缩空气作用下，经截止阀 7 进入气 – 液压缸 3 的 a 腔（油腔），推动活塞 4 连同工作台一起上

升。若换向阀 8 换向，则油箱内的压缩空气排空，工作台在自重作用下下降。因此，改变换向阀 8 的通路，即可调整工作台的高度。工作台调整到某一高度后，此时活塞 5 被压向缸底，关闭截止阀 7，工作台即固定。需要工作台处于浮动状态时，操纵换向阀 9（图示通路），压缩空气自气源经减压阀 10 进入气 – 液压缸的 b 腔（气腔），并作用在活塞 5 上而使其上升微小高度。由于气体的可

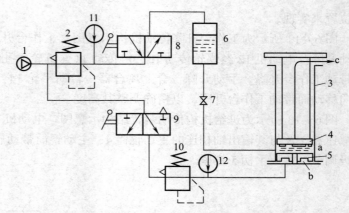

图 6 – 14　CSB – 600/900 型宽带砂光机工作台升降和浮动装置的气 – 液压系统图

1—气源　2、10—减压阀　3—气 – 液压缸　4、5—活塞　6—油箱
7—截止阀　8、9—换向阀　11、12—压力表　a、b—气腔　c—放气孔

压缩性，所以工作台随着砂削负荷的变化而浮动，其浮动量为 3 ~ 4mm。通过减压阀 10 调节压缩空气的压力，即调节工作台浮动的灵敏度。

7. 履带进给单面宽带砂光机主要技术参数

工件的最大尺寸（宽 × 厚）：1300mm × 170mm；接触辊直径：340mm；压带器宽度：70mm；砂带尺寸（长 × 宽）：2620mm × 1330mm；砂带线速度和电动机功率：第一号砂架为 25m/s，30kW；第二号砂架为 18m/s，185kW；进给履带速度和功率：640m/min，2.2kW；工作台升降电动机功：0.22kW；压缩空气工作压力：0.6MPa；机床外形尺寸（长 × 宽 × 高）：1730mm × 2870mm × 2440mm；机床质量：5450kg。

（四）宽带砂光机设备调整

1. 磨削量分配

（1）磨削量分配前提

① 确定磨削总量；

② 确定砂光道数；

③ 砂带粒度分配，特别是最后一道的砂带粒度。

（2）磨削量分配原则

① 充分利用粗、精、细砂带特点，适量分配磨削量，一般精磨、细磨的磨削量可以预先确定下来，粗砂视实际情况而定；

② 精砂量、细砂量不能太小，必须能去除上一道砂痕；

③ 在达到最佳磨削表面的同时使电能、砂带消耗最少。

（3）磨削量分配　磨削量分配一般采用倒推法。先确定最后一道磨削量，再确定最后第二道磨削量，最后确定第一道磨削量。

（4）磨削量分配的操作　采用逐道操作的方法，首先根据分配的磨削量，确定每道砂光完成以后的板厚尺寸。根据确定的板厚尺寸，先砂第一道，后几道砂带暂时去掉。第一道砂光板厚尺寸满足要求后，套上第二道砂带进行磨削，确定第二道板厚尺寸。以此类推，直到最后一道尺寸符合要求。一般在确定每道尺寸时，至少砂两张板符合尺寸要求，方能确定这道砂光已调整正确。图 6 – 15 所示为砂光机内部示意图。

2．输送带张紧的调整

拧动输送带左右两边的螺栓，可调整输送带的张紧度，注意不应将输送带调得过紧，以免引起输送带塑性变形。

3．压辊的调整

压辊采用橡胶包覆，可帮助送料，并可保证板料不被刮伤，由于采用强力弹簧，所以送料顺畅，螺母顺时针旋转时，压辊会向上升，逆时针方向则相反。

图 6－15　砂光机内部结构图

前压辊调到低于定厚辊 0.5～1mm，后压辊调到低于砂光垫底点 0.1mm，最后锁紧螺母。

4．砂带摆动的调整

（1）砂带摆动速度的调整　砂带摆动靠气缸运动来实现，调整两个调速节流阀，顺时针方向调整，砂带摆动速度减慢，逆时针方向调整，摆动速度增快，调整前先将调速节流阀固定螺母放松，调整完毕后，再将螺母锁紧。

（2）砂带摆动轨迹的调整　当砂带左右摆动不均匀偏离正常轨道时，本机会紧急自动刹车，当更换砂带时，因左右两边周长可能有误差，出现此两种情况时需做砂带轨迹调整。砂带的正常摆动视两边摆动时间需相同，如不同，则需调整旋转摆动控制调节手把，如向左摆动时间比向右摆动时间长，则逆时针旋转手把，反之则顺时针旋转，直至左右摆动均匀后停止。

5．电机三角带张紧度的调整

机器使用一段时间后，三角带会逐渐松弛，电机启动有异常声音，此时应调整皮带，放松电机座板固定螺母，顺时针方向旋转螺母，直至适当松紧为止，然后拧紧螺母。

6．厚度校正

当数显表的读数与实际值不符时，可以打开电气柜门，找到并排的两个按钮，其分别为"加数"、"减数"。按住"加数"或"减数"键 5s 后，显示值将依次加或减数，当读数与实际值一致时同时松开即可。当按照上述操作数值长时间不变时，可能是因为数字超量程太大不能正常显示所致，可以先同时按下"加数"和"减数"键 10s 将计数清零，然后再重复上述操作。

7．故障复位

当机床发生故障保护时，会出现故障自锁，直到排除故障后按下急停开关即可复位。

（五）宽带砂光机操作

1．操作要点

（1）根据工件的厚度尺寸，调节工作台的高度；若为定厚砂光，工作台调好后固定；若为表面砂光，工作台调好后应处于浮动状态；

（2）按程序张紧砂带，砂带张紧度要适中，注意控制张紧辊的位置和压缩空气的压力；

（3）根据砂光余量调节压尺和接触辊的高度，接触辊要低于中间压尺 0.05～0.2mm；

（4）开机后待砂辊达到正常运转并确认其他各机构运转正常后，即可进给工件进行试砂光；应检查砂光是否符合技术要求，如不符合，应根据实际情况调节相应部位，直到合格为止。

2．操作技术要求

（1）砂光机操作各岗位要求

① 上料工：负责在砂光机上板，按规定两块拼起为一组，应摆放三组，做到连续上料；

② 操作工：负责设备调整，砂带的张紧度的调整，保证加工质量符合要求；

③ 下料工：负责将砂光完成的板料拿下并摆放成标准垛；

④ 开机前，操作工应预调整好砂光的厚度，安装使用 120～240#砂带；

⑤ 应按照安全操作规程使用设备。

（2）加工尺寸　加工尺寸应符合生产计划规定的产品要求。

测量方法：用 0.02mm 精度的卡尺在距两端 10mm 处检测，对板面砂光质量进行目测。

3. 砂光质量要求

（1）砂光面应平整、光滑，不允许有观察到的波浪纹理和没砂到位的表面；

（2）不应有砂光产生的烟焦的现象；

（3）应保证规定的尺寸要求。

（六）宽带砂光机安全操作规程

（1）认真检查设备、压缩空气及砂带情况后方可开机；

（2）根据砂光工件合理选择砂带；

（3）砂纸接口处要搭接平整，开机前认真检查有无损坏；

（4）输送带的调速电机一定要在运转中调速，以免损坏调速装置；

（5）砂光辊充分启动后方可进行砂光工作；

（6）注意设备的加工范围，严禁加工工作范围外的工件；

（7）发现异常现象，立即停车检查，严禁带病运行；

（8）机台运转中，严禁操作人员离开机台；

（9）停止操作时，应落下升降辊，放松砂带。

四、任 务 实 施

（一）任务分析

根据任务描述，要进行砂光的工件为一批集成材拼板，规格是 1800mm × 1200mm × 20mm，表面高低不平且有胶渍。最终厚度为 18mm，允许偏差为 ±0.2mm。可以确定应使用的设备为宽带砂光机。

（二）确定砂光工艺

采用单面履带进料宽带砂光机对两个面分别砂光。

1. 砂光过程

（1）定厚砂光　将工件砂光至 19mm；

（2）粗砂光　将工件砂光至 18.5mm；

（3）精砂光　将工件砂光至 18mm；

（4）由于使用的是单面砂光机，所以砂光要反复进行。

2. 砂带粒度确定

（1）定厚砂光　由于板面高低不平且有胶渍，工件的实际厚度不止 20mm，可以先使用 40#砂带，将工件定厚为 20mm，再使用 80#砂带将工件定厚为 19mm；

（2）粗砂光　采用 120#砂带将工件砂光至 18.5mm；

（3）精砂光　采用 120～150#砂带将工件砂光至 18mm。

（三）设备调整

（1）安装砂带；

（2）设备安全检查，包括电、气等；

（3）开机；

（4）检查输送带张紧和调偏；

（5）调整砂带摆动速度和调偏；

（6）进行厚度校正。

（四）砂光操作

1．定厚砂光

（1）先砂光一面，将工件砂光至 19.5mm；

（2）将工件翻过来砂光另一面，砂光至 19mm；

（3）定厚砂光的砂光量可以根据工件的具体情况进行调整。

2．粗砂光

（1）先砂光一面，将工件砂光至 18.7mm；

（2）将工件翻过来砂光另一面，将工件砂光至 18.4mm；

3．精砂光

（1）先砂光一面，将工件砂光至 18.2mm；

（2）将工件翻过来砂光另一面，将工件砂光至 18mm。

（五）质量检查

按产品技术要求进行质量检查，并根据检查结果对工艺过程进行适当调整。

五、知 识 拓 展

履带进给单面宽带砂光机常见质量问题、原因及解决办法见表 6 - 1。

表 6 - 1　　　　　履带进给单面宽带砂光机常见质量问题、原因及解决办法

砂光后出现的质量问题	原因分析	拟采取的措施
上下面不平行	工作台上表面不平行	调整工作台的平面度
	输送带不规则磨损	修磨输送带
	定厚辊不规则磨损	修磨定厚辊
	砂垫未调整好	校平砂垫
横向倾斜等距痕迹	砂带连接不良	更换砂带
	轴承损坏	更换轴承
定厚砂光后有凹坑	输送带下面不清洁	清洁输送带内表面
一条弯曲的纵向纹道	砂带或砂垫内表面不清洁	清洁砂带或砂垫内表面
	砂带连接不良	更换砂带
	砂带砂粒有缺陷	更换砂带
一条直线纵向纹道	润滑剂黏结在砂垫上	清洁砂垫
	压轮上有粉尘	清除压轮上粉尘
	压轮轴承损坏，导致压轮转动不顺	更换轴承
	橡胶轮上有附着物	清除橡胶轮上附着物

续表

砂光后出现的质量问题	原因分析	拟采取的措施
工作件上会有闪光	砂带太旧	更换砂带
	后压料组太低	调高后压料组
加工件前后厚度不均匀	压轮与橡胶轮之间前后压力不均	调整前后压轮与橡胶轮之间的压力一致
加工件左与右边不均匀	橡胶轮左右边没有校正到正确位置	校正橡胶轮，使两边高度一致
	输送带的内层或平板表面附着木屑	清除杂物

六、作业与思考

1. 宽带砂光机有哪些类型？
2. 履带进给单面宽带砂光机由哪几部分组成？
3. 怎样对履带进给单面宽带砂光机进行调整？
4. 试述履带进给单面宽带砂光机常见质量问题及解决办法。

任务 2 　异形砂光设备简介

一、窄带砂光机

1. 工作台固定的窄带砂光机

这类机床有卧式的［图 6 - 16（a）、（b）、（c）］和立式的［图 6 - 16（d）、（e）、（f）］两类。由于机床结构简单，制造容易，维修方便，所以应用比较广泛。

图 6 - 16（a）为手工进给固定工作台的卧式窄带砂光机。用于平面砂削，如木材、拼板、贴面板等零部件。在整体床身的右面台架 1 上，安装有电动机 2，联轴节与主动带轮 3 直接联结，并设有防护罩 4，从动带轮 5 安置在床身的左面台架 6 上，其轴承支座安装在叉形的张紧架 7 上，张紧架尾部套装在套筒 8 内，由手把 9 操纵杠杆机构，使张紧架在套筒内移动，以调整两个带轮间的距离，保证砂带获得适当张紧度，锁紧器 10 将调整后的带轮定位。为使砂带稳定在带轮的一定位置上，带轮的轴承座（或支承台架）在结构上必须具有沿轴向偏移微小角度的调整机构。

图 6 - 16（b）为机械进给的卧式窄带砂光机，工件 14 由辊筒 12 纵向进给，磨削压力可以调节，加工质量较高。

图 6 - 16（c）为另一种机械进给的卧式窄带砂光机，零件 18 由辊筒 16、履带 17 横向进给。因加工基准面调节比较麻烦，使用受到一定限制。图 6 - 16（d）为立式窄带砂光机。图 6 - 16（e）为手工进给的立式窄带砂光机，它适宜加工零件或组件的平面或圆角。图 6 - 16（f）为机械进给的立式窄带砂光机。左砂带 19 固定，右砂带 20 通过丝杠机构 21 沿导轨 22 移动，砂带背面右弹簧压紧支承台 23，主动链轮 25 带动链条 26 上的挡块。使工件 24 沿基准导尺 27 移动。进给速度一般为 2 ~ 4m/min，砂带的传动功率约为 2kW。在实际生产中可以将这种机床（2 ~ 3 台）组合成自动流水线，同时加工零件或组件的 4 ~ 6 面。

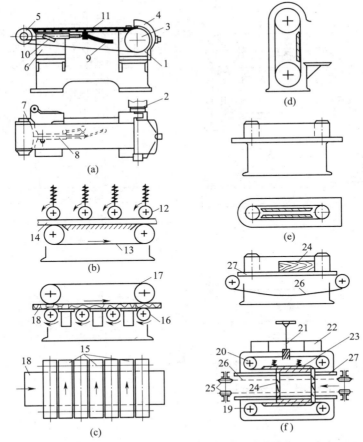

图 6 – 16 工作台固定的窄带砂光机示意图

(a)、(b)、(c) 卧式窄带砂光机 (d)、(e)、(f) 立式窄带砂光机

1—右面台架 2—电动机 3—主动带轮 4—防护罩 5—从动带轮 6—左面台架 7—张紧器
8—套筒 9—手把 10—锁紧器 11—工作台 12、16—辊筒 13—砂带 14、24—工件
15—砂带 17—履带 18—零件 19—左砂带 20—右砂带 21—丝杠机构 22—导轨
23—支承台 25—主动链轮 26—链条 27—导尺

2. 工作台移动的窄带砂光机

图 6 – 17 (a) 为横向手工进给的窄带砂光机。国产机床常使用的砂带宽度为 150mm，两带轮的中心距为 2810 ~ 2940mm，砂带砂削速度 11.3 ~ 22.5m/s，带轮转速 675 ~ 1340r/min。加工零件最大高度 560mm，电动机功率 3kW。机床供砂削大面积的胶合板、拼合板、胶贴薄木的细木工板、缝纫机台板等。当使用毡带时可对零件表向进行抛光。

图 6 – 17 (a) 砂光机内两个相互联结的机架 1 组成床身，在台架上安装由电动机直接带动的主动带轮 2 和具有砂带张紧调整机构的从动带轮 3，工作台 4 由滚轮 5 支撑着，沿左右两导轨 6 前后移动。导轨分别固定在托架 7 上，左右托架由轴 8 通过丝杆螺母或齿轮齿条机构沿机架的导轨同时垂直移动，以调整工作台的高度。手把 9 用于推动工作台前后移动。短形压紧块 10 由人工施加一定的压力压在砂带背面，压紧块的长度为 200 ~ 250mm，宽度为 100mm 左右。压紧块由手柄 11 控制砂削区，它装在一根空心导向轴 12 上，能轻巧地沿导向轴左右移动，并压下砂削，从而保证整个工作台面均可砂削到。机床应设置吸尘装置，以便及时排除砂屑。

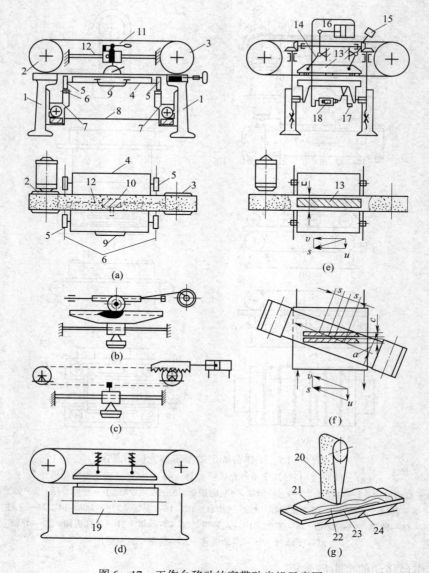

图 6 – 17　工作台移动的窄带砂光机示意图
（a）、（b）、（c）采用短形压紧块　（d）履带进给
（e）、（f）采用长形压紧块　（g）具有浮动工作台砂带张紧在小轴上
1—机架　2—主动带轮　3—从动带轮　4—工作台　5—滚轮　6—导轨　7—托架　8—轴
9—手把　10、13—压紧块　11、17—手柄　12—空心导向轴　14—杠杆　15—平衡锤　16—油缸
18—换向阀　19—进给履带　20—砂带　21—工件　22—仿形样板　23—小轴　24—浮动装置

　　使用这种砂削方式，操作工人必须一手控制工作台前后移动，另一手控制压紧块左右移动，且要求二者互相协调，劳动强度较大。因此，可采用曲柄连杆机构［图 6 – 17（b）］或液压控制的齿轮齿条扩大机构［图 6 – 17（c）］来实现压紧块的往复运动。采用长形的压紧块，则可在零件的全长进行砂削，同时砂削压力大小的控制和调整都比较方便。这类机床有砂带的运动方向与压紧块平行的［图 6 – 17（d）］和成一定角度的［图 6 – 17（e）］两类。图 6 – 17（d）所示的压紧块是由液压控制的，由长形压紧块 13、杠杆 14、平衡锤 15、油缸 16、手柄 17 及换向阀 18 等组成，手柄使换向阀改变进入油缸的油流方向，通过杠杆

机构控制压紧块的压紧与放松。

图 6 – 17（f）为工件由履带进给而压紧装置固定不动的带式砂光机，能连续砂削，此类机床的生产率较高。图 6 – 17（g）为具有浮动工作台和砂带张紧小轴的砂光机，可以砂削凹凸不平的曲面零件。

二、十字砂削宽带砂光机

如图 6 – 18 所示，十字砂削宽带砂光机是利用一个横向砂削装置和一个纵向砂削装置来实现十字砂削的。首先是用一条长砂带，垂直于木材纤维方向进行砂削。这时可以获得一个很干净的表面，因为每根纤维的棱边都被切掉，而在表面处理工序中不会再翘起来了。另外，在加工年轮硬度差别比较大的木材时，横向砂削还有一个比较大的优点，即不致把较软部分的木材砂去太多，而这在纵向砂削时可能会出现。接着是用宽砂带顺着纤维方向进行砂削，可以把横向砂削的痕迹砂磨掉，通过选择适当的砂带磨料粒度来获得最终表面光洁度。利用十字砂削还可以彻底地磨掉黏在木材表面的纸。一般在纵向砂削装置上总是有一个附加的精压辊，以便进行精砂。十字砂削是目前砂削贴面零件表面时公认的最好加工方法。

三、盘式砂光机

盘式砂光机的切削机构是一个回转的圆盘，圆盘端面粘贴有砂纸。盘式砂光机有单盘和双盘之分，单盘砂光机又有立式［图 6 – 19（a）］和卧式［图 6 – 19（b）］之分。双盘砂光机的磨盘通常垂直配置，其中一个用做粗砂，另一个用做精砂。盘式砂光机主要用于小平面的砂光，例如小木框和箱体的平面和侧面砂光，也可磨削棱边成弧形。由于砂盘的磨削速度不同，即越靠近砂盘中心其线速度越低。因此，在使用中通常只利用砂盘直径的 30% 左右，中心部分不作为磨削区。磨削时尽可能使木材的纤维方向与砂盘线速度方向一致，并且向砂盘压紧工件的同时作轻微的窜动，这样可以获得较好的光洁度。

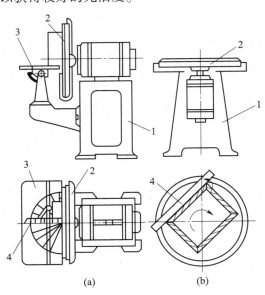

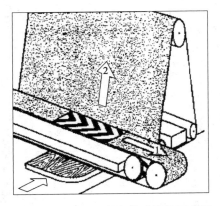

图 6 – 18　十字砂削宽带砂光机原理图

1—横向砂削砂带　2—纵向砂削砂带

图 6 – 19　单盘砂光机

（a）立式单盘砂光机　　（b）卧式单盘砂光机

1—床身　2—沙盘　3—工作台　4—导尺

盘式砂光机也可与带式、卷轴式组成联合式砂光机，图6-20为盘-卷轴式砂光机的简图。通常砂盘用于平面磨削，卷轴用于曲面或弧形表面的磨削。

四、刷式砂光机

刷式砂光机是将若干的刷子和砂纸交错地分布在圆筒的圆周上，砂纸的另一端卷绕在套筒上。当圆筒高速回转时，砂纸利用本身的离心力和刷子的弹力压向工件表面进行砂光。当砂纸用钝时，可以从卷轴上抽出一段砂纸，将用钝部分剪去仍可继续使用。

图6-21为刷式砂光机刷辊示意图。这种砂光机适于磨削成型表面，为了达到均匀地磨削成型表面，砂纸的工作端需剪成窄条形式。

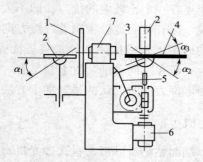

图6-20　盘-卷轴式砂光机简图
1—沙盘　2—砂纸卷轴　3、4—工作台
5—卷轴轴向摆动装置　6、7—电动机

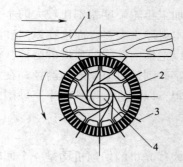

图6-21　刷式砂光机示意图
1—工件　2—刷子　3—砂纸　4—套筒

模块七　封边覆膜设备

任务1　封边机的调试与操作

一、学　习　目　标

（一）知识目标

1. 了解封边机的类型和用途；
2. 掌握封边机的结构和各部分的作用；
3. 掌握封边机的安全操作规程。

（二）能力目标

1. 具有正确调整封边机的能力；
2. 具有正确操作封边机进行家具零件封边的能力；
3. 具有正确处理封边机常见质量问题的能力。

二、任　务　描　述

有一小桌面，要求做封边加工，详见图7-1所示工艺卡片。

三、相　关　知　识

（一）封边机分类

封边机是用刨切单板、浸渍纸层压条或塑料薄膜（PVC）等封边材料将板式家具部件边缘封贴起来的加工设备。有时也可以用薄板条、各种染色薄木（单板）、塑料条、浸渍纸封边条以及金属封边条等封边。

按封边工艺封边机分为冷-热法封边机、加热-冷却封边机和冷胶活化封边机三种。

（1）冷-热法封边机　封边时，在基材或封边条上涂胶后，贴在一起，用加热元件在封边条外侧加热，使胶液固化的工艺方法。

（2）加热-冷却封边机　加热-冷却方法主要使用热熔胶。加热到150~200℃时熔化成液体，涂在胶合表面，胶合之后冷却数秒就可恢复到固体状态，使胶合表面牢固地胶接在一起。

（3）冷胶活化封边机　这是一种使用改性聚醋酸乙烯酯胶合封边的方法。胶黏剂可以预先涂在封边条或板件边缘上，封边时，在高温下使胶层"活化"，然后加压胶合。

根据可封贴工件边缘的形状，封边机可分为直线平面封边机、直线曲面封边机（异型封边机）、直曲线封边机、包覆式封边机、组合型封

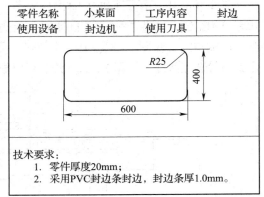

工艺卡片

零件名称	小桌面	工序内容	封边
使用设备	封边机	使用刀具	

*R*25　400　600

技术要求：
1. 零件厚度20mm；
2. 采用PVC封边条封边，封边条厚1.0mm。

图7-1　工艺卡片

边机等。

根据工件（板件）一次通过封边机对板件封边的状况将封边机分为单面封边机和双面封边机。

（二）常用封边机

1. 双面直线平面封边机

（1）双面直线平面封边机的结构示意图如图 7-2 所示。

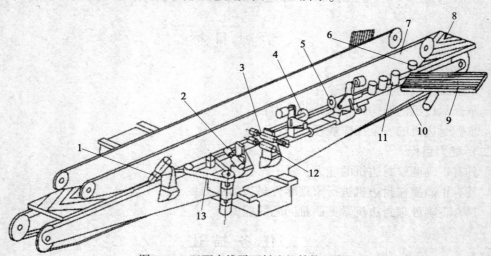

图 7-2　双面直线平面封边机结构示意图

1、2—倒棱机构　3、12—水平铣刀　4、5—锯架　6—涂胶装置
7—上压紧机构　8—板件　9—料仓　10—双链挡块　11—热压辊　13—砂架

（2）双面直线平面封边机的工作过程　板件 8 由双链挡块 10 进给，经定位基准后由上压紧机构 7 压紧。真空吸盘或推送器等专门装置，从封边条料仓 9 中将最外边的一块封边条随板料同时推出，并经过涂胶装置 6 涂胶，然后使之和板件边缘挤压叠合。根据被加工板材、封边材料和胶黏剂的品种可以进行涂胶量的调整。热压辊 11 对封边材料加热加压，使之和板件牢固结合。之后板件在进给过程中完成以下工序：两锯架 4 和 5 对板件封边条进行前后齐头，由上水平铣刀 3 和下水平铣刀 12 对板件厚度方向多余的封边条铣削，倒棱机构 1 和 2 对封边条进行上下棱角加工，砂架 13 对封边条表面进行磨削加工。

基本功能部分由板件和封边材料进给、封边条预切断、涂胶、压合、前后锯切齐头、上下铣边等机构组成，这些机构可以自动完成封边的最基本的工序。在该机床的后部有一个长度为 550mm 的空间（见图 7-3）。在这个位置上可以配置布轮抛光、精细修边、带式砂光、刮光和多用铣刀等选配部件（见图 7-4）。用户可以根据产品类型及加工工艺要求任选其中一种。

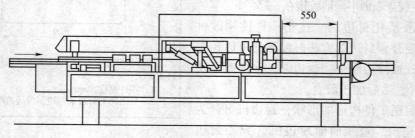

图 7-3　封边机基本结构布局图

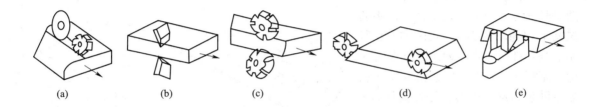

图 7－4　封边机选配功能示意图

（a）镶嵌封面加工机构　　（b）刮光机构

（c）倒棱圆化机构　　（d）成型修饰机构

（e）成型带式砂光机构

（3）双面直线平面封边机的主要部件

① 机床床身部分：封边机床床身部分由床身导轨、固定支架、活动支架、履带链板、传动装置、压紧机构、工件靠板及电气控制装置等组成。活动支架可以沿床身导轨根据板件的宽度进行调整，调整运动用机械传动或手动实现。链式输送机构沿链条导向装置运动，链式履带板由抗摩擦尼龙制成，压紧机构由 V 带和齿形塑料辊轮制成。

② 封边条送进、涂胶、剪切和压合系统：涂胶系统主要由胶罐、胶辊、胶量调节装置、加热装置等组成。在采用热熔胶工艺封边机上，胶罐采用电加热使胶熔化，其温度由电子遥控温度计控制。当达到所需温度时，机器方可运转。电动机经链传动使胶辊转动。热熔胶可沿胶辊上升并可均布于表面。胶辊后面装有加热管可防止胶辊上的胶液冷却，影响胶合效果，并设有相应的手柄调节涂胶量。

如图 7－5 所示，剪切装置主要由封边材料送进、封边材料宽度限制和剪切等装置组成。送进封边条主要由针辊 3 和辅助进料压紧器 5 实现。针辊使封边条 4 和工件 2 同步进给。针辊和压紧器的靠拢和分开由气缸实现。剪切器上的切刀 6 由气缸的活塞杆带动作往复运动。当使用定长封边条时则不需切断。

压合系统主要由一只主压力辊 7 和数只辅助压力辊

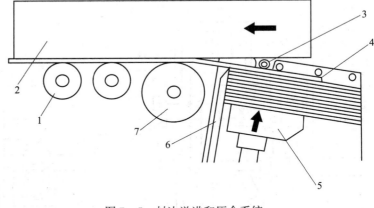

图 7－5　封边送进和压合系统

1—辅助压力辊　2—工件　3—针辊

4—封边条　5—辅助进料压紧器

6—切刀　7—主压力辊

1 组成。其作用主要是把工件涂胶的边缘和封边条压紧胶合。主压力辊直径比辅助压力辊直径大，一般由驱动履带的电动机通过链传动使之回转，其加压和放松由专用气缸实现，气缸由微动开关控制动作。主压力辊的位置通过调节手轮调节。辅助压力辊一般无动力驱动，其压力分别由气缸控制。

③封边条前后端锯切机构：封边条长度方向两端多余量锯切机构的结构采用随动式刀架，如图7-6所示。当工件按 u 向运动并顶上支辊9时，基板3和锯架4一起沿导轨2和工件同步运动，同时，锯架借导辊6和导轨5沿箭头 P.X 作横向移动，锯片12将封边条11端部多余部分锯掉。在横向移动行程终了时导辊从导轨5滚出，锯架在气缸13作用下按 X.X 方向相对基板运动，回到初始位置。当撞辊8和撞块7相撞时，上支辊离开工件，基板和锯架在气缸1作用下，按 uX 方向复位。

④上、下铣边机构：图7-7所示是一种上、下铣边或倒棱机构原理示意图。上铣边机构和下铣边机构分别装在立柱5的右上方和左下方。上、下铣边刀架结构相似，但基本构件相互处于反对称位置。上铣边机

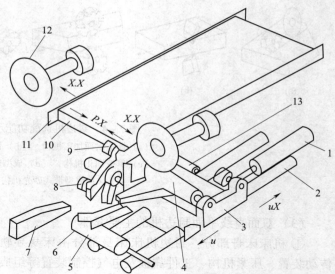

图7-6 封边条前后端锯切机构
1、13—气缸 2、5—导轨 3—基板
4—锯架 6—导辊 7—撞块 8—撞辊
9—上支辊 10、11—封边条 12—锯片

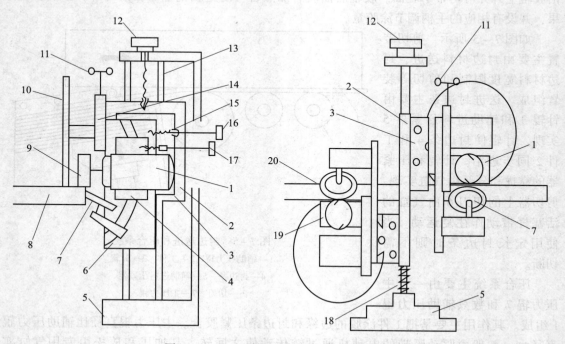

图7-7 上、下铣边或倒棱机构原理示意图
1、19—高频电动机 2—垂直溜板 3—水平浮动滑板 4—可转溜板
5—立柱 6—水平溜板 7、20—上侧锥导轮 8—工件 9—铣刀头
10—上靠轮 11、12、16、17—手轮 13、14—导轨 15、18—压缩弹簧

构由直接安装铣刀头 9 的高频电动机 1、可转溜板 4、水平溜板 6、水平浮动滑板 3、垂直溜板 2、上侧锥导轮 7 和上靠轮 10 组成。电动机底板与可转溜板为燕尾导轨配合，用手轮 17 单独调节铣刀头的水平位置。可转溜板沿水平溜板的圆弧导轨转动，调整刀头的倾斜角度，加工不同的倒棱。水平溜板和水平浮动滑板 3 为燕尾导轨配合，在水平溜板上装有侧锥导轮和可沿导轨 14 借手轮 11 垂直调节的上靠轮。通过手轮 16 可同时调节铣刀、侧锥导轮和上靠轮的水平位置。为使侧锥导轨 7 始终靠近工件 8，在水平浮动滑板和垂直溜板间设有两根圆柱导轨和压缩弹簧 15，两者可作相对水平浮动。上靠轮借刀架的自重始终靠向工件上表面。上铣边机构的垂直位置可通过手轮 12 沿圆导轨 13 调节。

因为工件下基准平面固定不变，故下铣边机构不必设置垂直调节装置。为保证下靠轮能始终靠向工件下表面并能浮动，在下铣边刀架垂直溜板与立柱底间装有压缩弹簧 18，使下铣边刀架始终处在上限位置。

2. 异型封边机（直线曲面封边机）

异型封边机可以封贴如图 7 - 8 所示各种形状的曲面，同时也可作直线平面边缘封边。封边材料可分为装饰单板、PVC 薄膜、三聚氰胺层积材、实木条等，采用热熔胶封贴。封边材料尺寸和封贴边缘尺寸如图 7 - 9 所示。

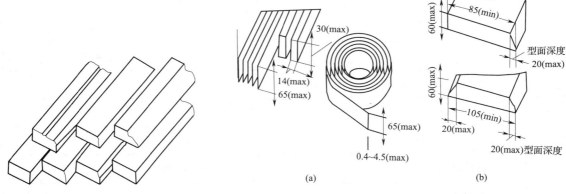

图 7 - 8 异型封边机封贴
的各种曲面形状

图 7 - 9 封边材料尺寸和封贴边缘尺寸示意图
（a）封边材料尺寸 （b）封贴边缘尺寸

（1）异型封边机的结构 图 7 - 10 是荷马公司生产的 KL078E 型异型封边机示意图。

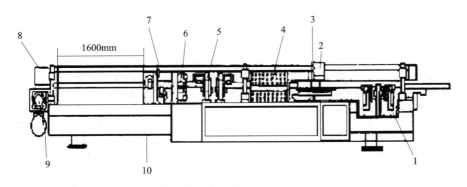

图 7 - 10 KL078E 型异型封边机外形结构示意图
1—万能预加工机构 2—电控盘 3—封贴机构 4—万能成型加压机构 5—前后截头机构
6—上下变粗铣机构 7—上下倒棱机构 8—上压紧机构 9—进给机构 10—床身

该机由床身 10、进给机构 9、上压紧机构 8、电控盘 2 和六个基本加工机构：万能预加工机构 1、封贴机构 3、万能成型加压机构 4、前后截头机构 5、上下边粗铣机构 6 和上下倒棱机构 7 所组成。

为了扩大机器的功能，在其后部设有长度为 1600mm 的空位，根据工艺要求，可加装九种任选附加加工机构。为便于制造、选用和装配，各加工机构都做成定形结构，相应加工机构的工作原理和结构与直线封边机基本相同。该封边机采用宽度为 80mm 的稳固的履带链条轨道无级调速进给机构和机动调整高度的上压紧机构，保证了工件有优越的基准导向；各加工机构很方便地安装在机架上，需要时，可快速地对机器进行改装；电气系统安全可靠，装有一个 300Hz 的变频电动机；机器容易操作和维护，控制盘装在机器进给端的明显部位，具有总开关按钮、信号灯和紧急停车按钮，还设有各加工机构的高度总调整系统。荷马公司 KL0 系列异型封边机技术参数参见表 7-1。

表 7-1　　　　　　　　　　荷马 KL0 系列异型封边机主要技术参数表

型号　　参数名称	KL076E	KL078E
总长度/mm	7755	9220
毛重/kg	3900	4900
净重/kg	3800	4800
总宽度/mm	1950	
加工高度/mm	1950	
最小加工宽度/mm	2020（开）	
工件厚度/mm	1500（闭）	
工件伸出量/mm	880	
进给速度/（m/min）	85（单边成型封边）	
框架至工作支撑高度/mm	10~60	
总功率/kW	16~65	
排尘系统排气量/（m³/h）	0.4~14	
标准电压/V	8~30（无级）	
控制电压/V	210	
变频频率/Hz	380 220 300	

（2）荷马 KL078E 型异型封边机主要部件

① 万能预加工机构：由两个铣削机构组成，分别装在支架的两边，铣刀直接装在高频

电动机的轴上。每台电动机功率为 3kW，频率为 300Hz，转速为 9000r/min，都具有垂直和水平调整机构。第一个铣刀头进行逆向铣削，并设有电 – 气动中断加工控制机构，以防止工件横头撕裂。第二个刀头采用顺向铣削。

② 热熔胶软边机构（封贴机构）：该机构采用热熔胶胶合技术。直线边缘封边时，将胶施在工件上；加工异型边缘时，将胶施在封边带上。具有电子温度控制和有带料或卷状封边条料仓和切断装置。设有封边料与工件同步进给机构和预压合装置。

③ 万能成型加压机构：它由很多不同形状的压辊组成。全部压辊分为四组，分别装在可转动的转轴四边。每边压辊的安排都适用于一个特别的型面压合，即不改变压辊排列，只靠转动压辊组就可以满足四种型面压合作业。

④ 前后截头机构：其结构和平面封边机相似，用于对封边材料前后头倾斜或垂直截断。

⑤ 上下边粗铣机构：用于铣削超出工件上、下表面的封边料多余部分。设有垂直限位装置，具有上下各一个能正反转的硬质合金铣刀头。

⑥ 上下铣棱机构：用于塑料或木质封边料的工件上、下边纵向修整倒棱或圆化（$R = 2 \sim 6mm$）。设有垂直和水平导向辊，保证铣刀头能对工件进行精确修整。

（3）任选修整加工机构

① 上成型修饰机构：它由两个从上部修饰加工前、后横头封边条端头的铣刀切削机构组成。为使铣刀头做仿型运动，每个铣刀头在做切削运动的同时还受控于一个能沿工件端头形状做仿型运动的靠环一起运动，并设有刀具快速更换装置。

② 万能修整机构：由装在专用支架两边的铣削机构组成，两个铣刀直接装在电动机轴上。用于在工件上加工贯通或不贯通凹槽或钝棱。由改变转动方向的正反向开关实现顺铣或逆铣。铣刀可以调成上、下位或倒位，完成不同的作业。

③ 刮光机构：由装在专用支架两边的分别对工件上下棱进行直接或成型刮削的机构组成。

④ 带式砂光机构：用于对单板或实木条封贴面进行砂光。电 – 气控制的砂光垫可以防止工件两头砂圆或过量砂削。进料停止时，砂垫自动抬起。砂带除进行切削运动外还有侧向摆动，用数控调整对不同厚度封边条的加工。

⑤ 成型带式砂光机构：用于对宽度不超过 60mm 的直线边缘和异型面砂光，最小允许外圆弧半径为 4mm。砂光机构对封贴面形状变化的适应性较强，可以用气压无级调整。在工件停止时，砂垫受电 – 气控制自动抬起。

⑥ 上、下倒棱带式砂光机构：用于上、下边倒棱或加工圆化（圆化半径达 12mm）。设有一个快速夹紧系统，不用工具能快速转换砂垫位置。

⑦ 抛光机构：是采用两个层状砂布或其他材料做成的轮子对封贴面上、下棱角抛光的机构，抛光角度可以调整。

⑧ 镶嵌封面加工机构：该机构由划痕锯片、清理铣刀和带有圆刀片的成型压辊等组成。其主要用来完成使包贴表现包覆封边材料后具有与工件上下表面等高的预加工作业。

3. 直曲线封边机

以 MF – 503 直曲线封边机为例，外观见图 7 – 11，结构如图 7 – 12 所示。

MF – 503 直曲线封边机技术参数如下：

封边厚度：0.3 ~ 3.0mm；封边宽度：15 ~ 50mm；封边速度：0 ~ 12.5m/min；最小曲面半径：20mm；工作电源：220V/380V；空气压力：0.6MPa；总功率：2.0kW。

图 7 - 11　MF - 503 直曲线封边机外形图

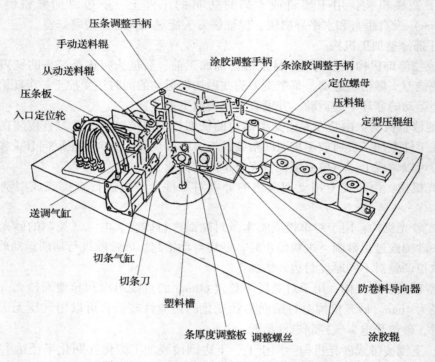

图 7 - 12　MF - 503 直曲线封边机结构示意图

（三）设备调整

（1）开启热熔胶加热装置，使其温度达到所使用热熔胶所需的温度，常用热熔胶的温度分为低温、中温、高温三种，依据实际情况进行调整；

（2）调整预铣刀靠尺，使其吃刀量为 0.5mm 或 1mm；

（3）依据加工件的规格厚度及具体要求选定封边条的厚度、宽度、花色，松开夹紧装置将封边条安装好；

（4）调整齐头、齐尾锯机；

（5）调整预铣边刀，将板件上下多余的封边条铣掉，但留有 0.2mm 左右的余量；

（6）调整精修铣刀，将板件上下剩余的封边条铣掉，并倒圆角；

（7）依据板件厚度调整刮刀的相对位子，将产生的毛刺刮净；

（8）调整追踪修圆角刀具机构；

（9）调整抛光轮；

（10）依据板件加工技术要求调整设备进给速度为 14～18m/min。

四、任 务 实 施

（1）检查胶盒中是否有胶，开机预热到 190～230℃（根据气候温差时间约 10～30min）；

（2）确认对应板材封边带的颜色、规格，无误后开始下项操作；

（3）主机手开始调试机器，主要根据封边带厚度压轮压力、修边刀、刮刀，以上数值体现在数字定位表上，同时根据板材厚度调整压轮高度，常规封 18mm 厚板时计数表体现 180 值，但可考虑压轮轻微磨损情况，按经验可向下微调 0.2mm；

（4）调试后进行参数调整精度试验，确认封边后有齐头是否在 20mm 内、有无啃边、胶线、导圆是否规则、黏结是否牢固；

（5）经试验无误后开始封边操作，要求水平拿起部件，轻放在工作台上，封边面与靠挡靠严后送入传送带中，长的部件应用力向靠挡推，直至全部进入传送带，部件与靠挡不能脱离；

（6）门板封边应先封高度后封宽度，箱体板封边先封深度后封高度或宽度；

（7）封边接料时检查封边质量，确认符合质量要求后轻放在托盘上，将封过边板件朝一个方向整齐摆放；

（8）手工修边可将壁纸刀片与板件略微倾斜一定角度，顺向刮动，以去掉胶线及封边带高出部分；要求刀片锋利，修后封边带无凹凸不平、无啃边、无划伤，同时板件要求用干净抹布清理干净；

（9）作业完毕，先关闭机器开关，后关闭电源，将机器清理干净。

五、知 识 拓 展

封边机常见问题和处理方法

1. 合上电源，指示灯不亮

检查电源，开关是否开启并接触良好；变压器、指示灯和线路是否完好。

2. 给胶锅加热时，长时间无升温

检查加温指示灯是否亮，若不亮，则检查加温选择开关接触是否良好；若亮，则检查接触器是否吸合，若未吸合，则检查温控器温度设定是否正确，测温热电偶是否正常，接触器是否完好；若吸合，则检查接触器主触头接触是否良好，加热管是否正常。

3. 按输送带运行启动按钮，指示灯不亮，输送带无动作

检查胶锅温度是否达到设定温度，急停按钮是否复位，护罩是否关闭，其保护开关接触是否良好，继电器是否得电，开点是否闭合接触良好；继电器是否吸合，若未吸合则检查其闭点接触是否良好；若吸合则检查后锯是否上升到位，限位开关是否断开，同时限位开关是否复位；检查输送带运行停止按钮闭点接触是否良好，输送带运行启动按钮是否灵活、可靠，按下时接触是否良好；输送带速度选择开关接触是否良好，接触器是否得电吸合，接触是否良好。

4. 封边时剪刀无反应

检查封边料形式，选择开关和封边料卷条选择开关选择是否正确，接触是否良好，检查

限位开关是否灵活可靠，接触是否良好；检查送料方式是否按送料指示灯指示送料（造成限位无法复位）。

5. 前锯不下降

检查工件经过限位时，继电器是否得电吸合。如果未吸合，则检查限位是否灵活可靠，开点是否闭合接触良好；如果得电吸合，则检查其开点是否接触良好。

6. 前锯不上升

检查工件经过限位后，继电器是否失电。如果未失电仍然吸合，则检查限位是否复位；如果失电，则检查其开点是否断开。

7. 前锯在工件经过时下降，但未切锯又上升

检查限位的开点是否闭合，是否得电，开点是否闭合并接触良好。

8. 后锯不下降

后锯经过限位后不下降切锯，检查继电器是否得电吸合。如果吸合则检查限位是否复位，闭点接触是否良好，检查开点接触闭合是否良好，检查接触器的辅助开点是否接触良好；如果未吸合则检查后锯下降限位闭点闭合是否良好，检查自保点接触是否良好。

9. 封边过程中，输送带停止

当工件经过限位时，开点闭合，此时如果后锯上限位本身故障原因或送料过急造成前次后锯动作后未上升到位致使限位的闭点未断开，得电吸合，闭点断开，造成断电而输送带停止。

六、作业与思考

1. 封边机的结构特点是什么？
2. 直线封边机由哪几部分组成？各部分的作用是什么？

任务 2　真空覆膜机的调试与操作

一、学 习 目 标

（一）知识目标

1. 了解真空覆膜机主要结构与工作原理；
2. 掌握真空覆膜机的主要工艺技术参数；
3. 掌握真空覆膜机的安全操作规程。

（二）能力目标

具有调试与操作真空覆膜机的能力。

二、任 务 描 述

使用真空覆膜机完成家具门板的覆膜工作任务。见图 7-13 工艺卡片。

三、相 关 知 识

（一）家具型面部件的贴面工艺

1. 真空膜压

现代家具型面部件的贴面主要采用真空膜压来实现，真空膜压零部件使用的材料有基材、饰面层材料和胶黏剂。

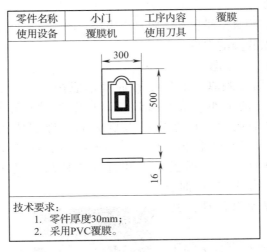

零件名称	小门	工序内容	覆膜
使用设备	覆膜机	使用刀具	

技术要求：
1. 零件厚度30mm；
2. 采用PVC覆膜。

图 7-13　工艺卡片

（1）基材　真空膜压使用的基材一般是刨花板和中密度纤维板，但是国产的刨花板还存在着刨花形态不规则、表层刨花和芯层刨花大等问题，所以使用国产刨花板还不能实现真空膜压，而只能使用中密度纤维板。采用中密度纤维板做基材时，一般要求其密度为 $0.7 \mathrm{g/cm^3}$ 左右，表层和芯层的纤维密度均匀，没有树皮或其他杂质，否则，中密度纤维板在膜压前还必须进行砂光，严重时还须打腻子腻平。

（2）饰面层材料　真空膜压常用的饰面层材料是 $0.3 \sim 1 \mathrm{mm}$ 的聚氯乙烯（PVC）薄膜，$0.35 \sim 0.5 \mathrm{mm}$ 的聚丙烯（PP）薄膜，$0.25 \sim 0.6 \mathrm{mm}$ 的薄木，以及 $0.35 \sim 0.6 \mathrm{mm}$ 的丙烯腈 – 丁二烯 – 苯乙烯三元共聚物（ABS）和聚酯（PET）薄膜，各类饰面层材料如果过厚，会加大产品的成本。薄木贴面必须采用有膜的真空膜压压机来实现，贴薄木时须注意，基材的内凹面不能太大，有时薄木的胶贴面必须胶贴丝织材料，以确保薄木在膜压时不发生破碎。

（3）胶黏剂　真空膜压各类型面使用的胶黏剂主要是热熔胶、聚氨酯树脂胶和醋酸乙烯 – 丙烯酸共聚树脂胶，薄木使用的胶黏剂主要是脲醛树脂胶等。

2. 真空膜压的技术参数

真空膜压的时间、温度和压力对真空膜压部件的质量影响较大，对于采用不同的基材、饰面层材料以及胶黏剂，必须采用不同的工艺参数。现在的真空膜压压机可以根据生产中部件的厚度、使用贴面材料的种类等，选定真空膜压压机的各种程序控制。表 7-2 所示为实际生产中真空膜压压机膜压的几个主要技术参数。

表 7-2　　　　　　　　　真空膜压压机膜压的主要技术参数

压机形式	原材料	型面厚度/mm	饰面层材料	饰面层材料厚度/mm	上压腔温度/℃	下压腔温度/℃	膜压压力/MPa	膜压时间/s
有膜真空膜压	单面	18	PVC	0.32~0.4	130~140	50	0.6	180~260
		15	薄木	0.6	110~120	常温	0.6	130~180（加压）
	双面	18	PVC	0.32~0.4	130~140	130~140	0.6	180~260
无膜真空膜压		18	PVC	0.6	130~140	50	0.5	80~120

（二）真空膜压原理

真空膜压压机分为有膜真空膜压和无膜真空膜压，图7－14所示为贝高（BURKLE）公司生产的真空膜压压机及膜压的部件。

1. 有膜真空膜压的工作原理

图7－15所示为单面有膜真空膜压工作原理示意图，图中A为上压腔，B为下压腔，C为薄木，M为膜压的工件。图7－15（a）所示为组配好的零件送入真空膜压压机，随着真空膜压压机的闭合，压腔内的温度升高，橡胶膜被覆盖在薄木上。如图7－15（b）所示，将上压腔给出正压，下压腔抽成负压，使薄木在压力和胶黏剂的作用下胶合在异型面的部件上，当撤去压力和打开压机后，膜压的部件已制成。当使用有膜真空膜压压机膜压PVC时，PVC膜随着橡胶膜的移动而移动，其他与膜压薄木相同。

图7－16所示为双面有膜真空膜压工作原理示意图，其工作原理与单面有膜真空膜压类似，不同的是在上下压腔之间加了一个吸排气道，以使上下两面可同时膜压。

2. 无膜真空膜压的工作原理

图7－17所示为无膜真空膜压原理示意图，图中A为上压腔，B为下压腔，C为PVC，M为膜压的工件。图7－17（a）所示为真空膜压压机闭合时，随着真空膜压压机腔内的温度升高，PVC软化，此时在上压腔抽成负压的同时，下压腔给出正压，PVC在压力的作用下，充填上压腔，使PVC完全延展，如图7－17（b）所示。图7－17（c）所示为将上压腔给出正压，下压腔抽成负压，使PVC在压力和胶黏剂的作用下，紧贴在异型面的零件上，当撤去压力和打开压机后，膜压的部件已制成。

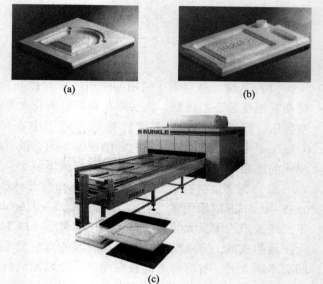

图7－14　真空膜压压机及膜压的部件
（a）表面进行真空膜压的部件
（b）表面和边部进行真空膜压的部件
（c）真空膜压压机

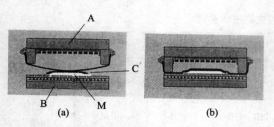

图7－15　单面有膜真空膜压原理示意图
（a）压机开启　（b）压机闭合

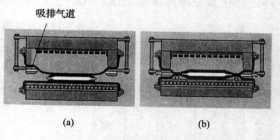

图7－16　双面有膜真空膜压原理示意图
（a）压机开启　（b）压机闭合

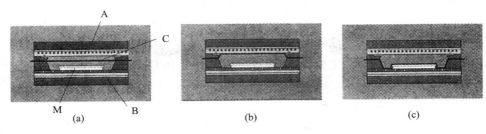

图 7 – 17 无膜真空膜压原理示意图

(a) 压机闭合 (b) 抽真空 (c) 加正压

(三) 真空覆膜机的主要结构

真空覆膜机的主要结构见图 7 – 18 (a)、(b)。

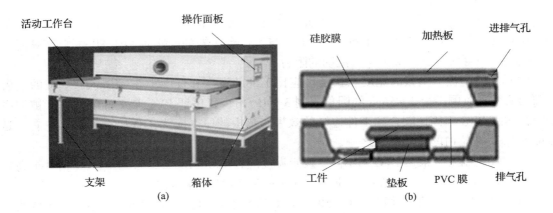

图 7 – 18 真空覆膜机的主要结构

(a) 真空覆膜机的外部结构 (b) 真空覆膜机的内部结构

(四) 真空覆膜机生产工艺规程

1. 膜压胶的使用要求

膜压胶是双组分胶，活化温度为 60℃ 左右。贮存环境温度须在 5 ~ 30℃，5℃ 以下会引起絮结。胶桶不应直接放置于地面上，应放置在木质的托架上，尤其是在冬季。膜压胶的有效期在不拆原包装状态，自出厂之日起为 6 个月。膜压胶配制比例为主剂：固化剂 = 20∶1，主剂与固化剂混合时，应使主剂保持在搅拌状态下，固化剂慢慢加入并搅拌至少 3min 以上。每次配制的胶量应保证在 4h 内用完，兑胶后胶桶应盖严。

2. 喷胶工艺要求

(1) 喷胶顺序为端面→正面线型→正面 + 线型→端面，其平面部分，喷涂一遍即可；端面和平面线型处则需喷两遍；

(2) 主剂与固化剂混合后的活性时间为 4 ~ 6h，已喷胶的工件应在 4h 内加工完毕，以获得最好的胶合效果，否则会因胶发生交联反应而需升高活化温度，尽管从外观上看胶合效果良好，但耐温性能已经明显降低，若二次喷胶会在 PVC 表面显现胶痕；

(3) 喷胶后表面发白且干燥，手触不粘手或干燥后有明显的胶膜光泽，干燥时间为 30 ~ 50min（取决于环境的温度、湿度和喷胶质量）；

143

（4）常用风扇距工件 1.5~2m 对准工件把潮湿空气吹走，以避免因工件湿度大而产生 PVC 鼓泡；

（5）在冬季，为了提高工件的温度，可以用小的保温房把工件加热至 20~25℃（禁止温度超过 35℃，否则工件会产生变形）。喷胶应在不低于 16℃ 的环境下在水帘机上进行；

（6）喷胶操作者应戴口罩，以保护操作者的身体健康。

3．覆膜机硅胶膜的使用

根据工件线型的特点（如圆弧值、棱角、线型的宽度和深度等）选择不同厚度硅胶膜。硅胶膜由于经常被加热和拉伸，其下垂度会增大，应根据硅胶膜的下垂程度及时进行安装，减小下垂度。为了延长硅胶膜的使用寿命，防止工件产生质量问题，应定期调换硅胶膜使用方向，如前端变后端、左端变右端。若硅胶膜的角部产生孔洞或短小的裂口，可用硅胶和补膜机进行修补。修补时上面用平整的重物压实，干燥 24h 后，修补处用 240# 的砂纸砂平即可正常使用。

4．工艺参数的设定

（1）膜压工件间距　宽度小于 100mm 的窄长工件，工件间距不小于 80mm；宽度大于 100mm 的工件，工件间距不小于 60mm；工件与工作台边框的间距不小于 80mm。横纵向的间距应在一条直线上，以减少空气流动的阻力。

（2）工件垫板　垫板的宽度和长度均应比工件的宽度和长度小 6~10mm，垫板的上表面四周的棱角应倒半径 3~5mm 的圆角或倒 3×45° 角，以保证 PVC 与工件间的空气被彻底抽净，达到 PVC 牢固地胶合到工件边缘的效果。垫板的厚度应为工件厚度的 3/4 左右，是保证 PVC 不被拉白的重要措施之一。

（3）设定温度　根据 PVC 的不同，设定温度应在 130~160℃，普通 PVC（相对于高光 PVC）的温度应高一些，高光 PVC 应低一些（避免因温度过高而失光）。

（4）设定时间　预热时间应 30~50s（PVC 颜色的不同，预热时间也应不同，浅色的应适当加长，深色的应适当缩短；厚 PVC 应适当加长，薄 PVC 应适当缩短），抽真空时间应为 8s 左右，加压时间应为预热时间加上 10~20s。达到设定压力的时间不宜过长，应为 5s 左右，以保证工件端面达到活化温度之上时的 PVC 与基材迅速粘牢且不过度、不拉伸工件上的 PVC。

（5）设定压力　设定正压为 0.38~0.42MPa，负压为 0.07~0.08MPa，即正压＋负压＝0.45~0.5MPa。对于过厚的工件、高光 PVC 及厚度小于 0.3mm 薄 PVC，应适当降低设定温度，适当增加预热时间，并增加工作台整个底板的高度，缩短工件与加热板的距离，以减轻或避免 PVC 变色问题。压薄木（木皮）时，用白乳胶类胶黏剂时，木皮的温度应不低于 105℃；压力要适当，但达到设定压力的时间要长，即慢速加压。

5．修边要求

压机加工完毕的工件，放置 20min（保证胶的初期固化）后方可进行修边。修边后用专用工具刮棱角或用 120~180# 的砂纸倒棱，使 PVC 低于工件表面。并用酒精等将背面的胶痕清理干净。修边时检查质量，能修理的就地修理，不能修理的要挑选出来另行处理。

膜压后的工件要面对面、背靠背放置于平整的料架上。50 块一垛，重物压于上面，防止工件变形，陈放时间不应少于 24h。膜压工件达到中期固化的时间为 24h，完全固化需要 7 天，所以包装前要确保工件陈放 24h 以上。

（五）真空覆膜机安全操作规程

（1）机器由专人操作，操作者必须接受培训并熟练掌握机器的性能；

（2）随时查看电流表，若三相不平衡，检查接触器触头及加热管是否损坏，应及时维修更换；

（3）经常检查真空泵油，定期补加真空泵专用油，不得加其他机油，定期更换；

（4）真空管要每班加油 2 ~ 3 次；

（5）移动工作台变速箱要定期加油、换油；

（6）机器工作过程中，严禁机器周围站人，更不准将手放在导轨和设备上，防止机器自动退回加热罩伤人；

（7）严禁加热罩上摆放产品和其他物件；

（8）工作台保持清洁，防止尘屑吸入真空；

（9）不得随意拆卸安全罩等防护物品；

（10）机床不用时，请关掉总电源。

四、任　务　实　施

（1）按工艺要求设置工艺参数并操作；

（2）按工艺要求给工件涂胶；

（3）工件放置于工作台上；

（4）放置 PVC 膜；

（5）工作台进入到加热板正下方；

（6）加热板与工作台合拢；

（7）抽出加热板与硅胶膜之间的空气，硅胶膜吸附到加热板上被加热；

（8）达到设定的时间后加热板与硅胶膜之间注入压缩空气，硅胶膜与 PVC 紧密接触，工件和 PVC 被加热，同时 PVC 被软化，板件边缘的温度达到胶的活化温度；

（9）工作台与 PVC 之间的空气被迅速抽出形成真空，然后 PVC 与加热板之间注入压缩空气，PVC 在设定的压力和温度的作用下被包覆在板件上；

（10）开启压板，注入空气，退出工件；

（11）用壁纸刀划开 PVC 膜与工件的连接，取出工件，关闭设备。

五、知　识　拓　展

（一）真空覆膜机真空泵故障及解决办法

如表 7 - 3 所示。

表 7 - 3　　　　　　　　　　真空泵故障及消除方法

故障现象	原因	消除方法
真空度降低	油量不足	增添新油，标中心线略上
	泵油被污染	换新油
	密封件损坏或装配不当，失去密封作用	换用新密封件或调整装配

续表

故障现象	原因	消除方法
真空度降低	泵的进油孔堵塞	清理进油孔
	排气阀片损坏	换新阀片
	所抽气体温度超过40℃	冷却进气温度至≤40℃
	所抽气体含可凝性蒸汽、可溶性气体、粉尘等	放开气镇阀抽除，添置过滤装置
	泵使用日久，零件磨损	进行检修，更换磨损零件
	旋片弹簧断裂	换新弹簧
油温过高	异物落入泵内	拆开检查并清理
	所抽气体温度过高	冷却进气温度至≤40℃，通风冷却，降低环境温度
	泵的润滑不良	检查清理润滑系统
漏油	轴封磨损	缩小弹簧圈或换新轴封
	油箱连接处密封垫损坏	更换垫片
喷油	油量过多	放油至油标中心线上
	进气口压强长期过高	检查系统密封性，选用大抽速的真空泵，安装油气分离装置
启动困难	油压泵腔	进气口通大气，用手转动泵轮或继续启动电机，使泵轮旋转数圈把泵腔内油排出
	油温过低	同上，然后运转几分钟或原泵油加湿
	电机或电源有故障	检查维修
运转不正常	皮带过紧或过松	调整电机位置
	异物落入泵内	检查清理
	泵零件松动或损坏	检修

（二）常见质量问题的主要原因

1. 皱褶

（1）窄长工件的间距过小；

（2）垫板的上表面四周的棱角未倒角；

（3）工件横纵向的间距未在一条直线上，增加了空气流动的阻力；

（4）设定的温度过高；

（5）达到设定压力的时间过长。

2. 拉白

（1）设定的温度过高；

（2）达到设定压力的时间过长；

（3）线型不合适。

3．边缘未粘牢：

（1）胶的质量不好；

（2）胶的活化温度过高；

（3）设备的温度达不到工件边缘要求的活化温度；

（4）工件垫板不合适；

（5）PVC 背胶性能不好或无背胶；

（6）胶已过期或贮存不符合要求；

（7）漏喷胶或喷胶方法不当。

六、作业与思考

真空覆膜机外部和内部由哪几部分组成？操作程序有哪几步？

模块八　通用压机

任务　压机的调试与操作

一、学习目标

（一）知识目标

1. 了解压机的分类和特点；
2. 掌握压机的主要结构和压力计算方法；
3. 掌握压机安全操作规程。

（二）能力目标

1. 能进行压机的调试与操作；
2. 能处理压机加工中常见质量问题。

二、任务描述

某地板厂要进行实木复合地板贴面加工，基材是多层胶合板，规格为 2200mm × 210mm × 20mm，面层是厚度为 3mm 的锯切薄板。要进行热压加工，要求板面单位压力 1.2MPa，热压温度 110℃，热压时间 390s。

三、相关知识

（一）压机分类与特点

1. 压机分类

由于压机的用途不同，结构多样，特点各异，种类较多，因此有不同的分类方法。

（1）根据压机的工作方式可分为周期式压机和连续式压机两种，其中连续式压机多用于刨花板和密度板生产；

（2）根据压制产品的形状可分为普通式平压机和成型模压机，其中成型模压机在家具生产中应用较多；

（3）根据压制产品种类，可分为胶合板压机、纤维板压机、刨花板压机、装饰板压机等；

（4）根据加工工艺不同，分为预压机、冷压机、热压机等；

（5）根据压机层数的多少，分为单层压机和多层压机；

（6）根据压机机架结构形式，可分为柱式、框式和箱式压机；

（7）根据压力传递方式，可分为液压式和机械式压机，后者作用力较小，仅适用于小型设备；

（8）根据压机压板板面单位压力的大小，可分为低压、中压和高压压机。低压压机板面的单位压力为 1～2MPa，如普通胶合板压机、二次加工用的覆贴板压机等；中压压机板面的单位压力为 2～8MPa，如航空胶合板压机压力为 2～2.5MPa，刨花板压机压力为

2.5～3.5MPa。干法中密度纤维板压机压力为2.5～5.5MPa，湿法硬质纤维板压机压力为5～6MPa，干法硬质纤维板压机压力为6～8MPa；高压压机板面的单位压力在8MPa以上，如树脂层积板压机压力为8～12MPa，木质层积材压机压力为15～16MPa，酚醛树脂层积材压机压力为20MPa。

2. 压机的特点

压机的工作特点是通过给工件加压、加热（或常温）的方式使两层或多层涂胶后的工件胶合在一起。加压可以使层与层之间结合更紧密，从而提高胶合效果；加热可以提高胶合速度，也可以在某种程度上提高胶合强度。

（二）冷（预）压机

冷（预）压机通常为单层结构，有电动冷（预）压机和液动冷压机两类。一般都在常温下进行胶压。

图8－1为电动冷压机的外形图。主要由左右机架1、2及上下压板3、4等组成。压板是内球墨铸铁浇铸并经时效处理后加工而成，其幅面为1800mm×1100mm，四根拉紧螺杆5可校正左右机架的相互位置。压板升降的传动比较简单，由功率为55kW的电动机6经V带传动并经蜗轮蜗杆进行减速。蜗轮蜗杆副装置在左右机架的悬伸梁内，蜗轮中间即为螺母，蜗轮回转时，丝杆7便可使上压板垂直升降，对工件加压或松开，该机压力为0.5～1MPa。

图8－2为液压冷压机的外形图。它由上压板1、下压板2、柱塞式液压缸3、框式机架4和液压系统等组成。压板幅面为1000mm×500mm，油缸直径为165mm。在压力油作用下顶起下压板对工件加压，总压力为420kN。一般大型的冷压机压板幅面为2600mm×1350mm左右，总压力为4000kN以上。

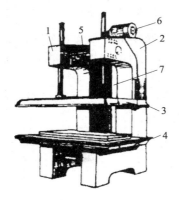

图8－1 电动冷压机

1—左机架 2—右机架 3—上压板
4—下压板 5—拉紧螺杆 6—电动机 7—丝杆

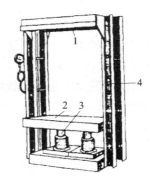

图8－2 液压冷压机

1—上压板 2—下压板
3—柱塞式液压缸 4—框式机架

（三）单层热压机结构

图8－3为德国Burkle公司生产的U80型单层贴面热压机的外观图，主要用于板式家具零件的贴面。它主要由机架1、上热压板2、下热压板3、下顶板8、液压系统6、液压缸7等组成，机架是由型钢和钢板焊接而成的整体框架，以保证足够的强度和刚度。下顶板也是型钢和钢板焊接而成。在机架的下横梁上装有六只柱塞式液压缸，液压缸的柱塞上端与下顶板的下表面连接。上热压板通过螺栓装在机架的上横梁的下表面，下热压板通过螺栓装在下顶板的上表面。在上热压板和上横梁的下表面以及下热压板和下顶板之间均装有隔热板，以

减小热量的损失和防止机架受热变形。热压板采用硬质铝板制成，具有极佳的传热作用，预热时间很短。加热介质可用蒸汽、热水或热油。由液压系统向六只柱塞式液压缸供油，使液压缸的柱塞上升，完成压机的闭合和加压。热压结束，液压系统卸压，油缸中油液在下热压板、下顶板及柱塞重力的作用下排回油箱，压机张开。四只定位杆 10 用于确定下热压板的初始位置。平衡机构 9 为平行连杆机构，用于保证下热压板及下顶板能平衡地升降。

图 8 - 3　Burkle U80 型单层贴面热压机
1—机架　2—上热压板　3—下热压板　4—电控箱　5—安全绳
6—液压系统　7—柱塞式液压缸　8—下顶板　9—平衡机构　10—定位杆

为保证操作工的安全，在机架的四周装有安全绳 5。当操作工碰及安全绳时，安全绳带动安全开关使液压系统失电，压机停止、闭合。如果在这种压机的开档中，再均匀布置几块热压板可成为多层热压机。

（四）压机总压力与表压力计算

1. 压机总压力计算公式

$$p_总 = \frac{1}{4}\pi d^2 n \eta p_泵$$

式中　$p_总$——压机总压力（MN）；

　　　$p_泵$——液压泵公称压力（MPa）；

　　　d——液压缸缸径（cm）；

　　　n——液压缸数量；

　　　η——工作压力有效系数，通常取 0.9～0.92。

2. 压机表压力计算公式

$$p = \frac{p_1 \times A_1}{K \times n \times A_2} = \frac{4p_1 A_1}{K \times n \times \pi \times d^2}$$

式中　p——压机表压力（MPa）；

　　　p_1——板坯承受的单位压力（MPa）；

　　　A_2——液压缸面积（cm²）；

　　　d——液压缸缸径（cm）；

n——液压缸数量；

A_1——总板坯面积（cm^2）；

K——工作压力有效系数，通常取 0.9 ~ 0.92。

（五）热压机调整与操作（以蒸汽加热压机为例）

1．开机前的要求

（1）检查蒸汽压力，使其达到工艺要求，无漏汽现象，并保持供应；

（2）要求垫板、垫网、热压和上衬清洁；

（3）蓄压器氮气压力正常，无漏气现象，油箱的油位正常；

（4）各传动部位润滑良好，机器各部位螺钉无松动现象，运转正常，电气设备正常；

（5）液压缸内没有空气，密封圈密封良好。

2．开机前的准备

（1）合上电源总开关，开动低压泵，使蓄压器达到要求的工作压力；

（2）开启蒸汽阀门，将热压板加热到工艺要求的温度（同时短时间开启回水阀门，排除冷凝水）；

（3）按工艺要求，调整各时间继电器的时间和压力表的压力上下限指针位置（如果总压力有较大变动，也应调整卸荷阀和溢流阀等压力调节机构）。

3．开机程序

（1）要求自动化操作时，打开各相应的自动控制开关；

（2）手动操作时，根据工艺要求升降压和保压，热压周期结束时开启降压阀降压。

4．运行中检查调整

（1）根据质量要求检查板坯的压制质量；

（2）检查蒸汽压力和热压板温度，蒸汽管路及活接头处是否有漏汽现象；

（3）检查加压的升压、保压和降压是否符合工艺要求的压力和持续时间，及时调整有关机构；

（4）检查活塞密封圈和管路是否有漏油现象。

（六）压机的日常维护与保养

1．液压传动系统的维护

（1）油箱中的液压油应该经常保持正常油面　应在油箱上设置液面计，经常观察油面的高度，油面下降时及时补充油液。

（2）液压油应经常检查保持清洁　油箱要加盖密封，如工作环境尘埃大，可装置空气滤清器；在擦拭液压泵或油的容器时，要防止布屑等碎物落入油中；定期清洗油箱，每 6 个月换油一次，旧油可过滤后再使用，在往油箱中灌油时应通过 120 目以上的滤油器过滤。

（3）油温在 40 ~ 50℃为宜，不得超过 60℃，若油温异常，应立即检查原因，常见的有下列情况：

① 油的黏度太高或由于油质变坏，阻力增大；

② 由于液压元件的容量太小，流速过高，油箱容量小，散热慢，阀的性能不好，容易产生振动，引起发热；

③ 冷却器的性能不好，水量不足，管道内有水；

④ 回路里的空气应完全排掉。回路里进入空气后，气体的体积随着压力负荷而变化，油缸的运动受到影响。另外，空气又是造成油液变质和发热的重要原因，所以应特别注意下

列情况：回油管必须插入油面以下，吸入口的滤油器不要发生堵塞，一旦堵塞，吸入阻力大大增加，容易从缝隙吸入空气；吸入管和泵轴密封部分不要漏入空气，油箱的油液面积要尽量大些，吸入侧和回油侧要用隔板隔开，以利消除气泡，管路和油缸的最高部位要有放气孔，在启动时应放掉油缸中的空气。

（4）注意蓄压器内液面变动情况，保持规定的氮气压力和氮气量。如有漏损时，要及时补充氮气。用涂肥皂水的方法来检查法兰和阀门是否漏气。经常检查蓄压器上的各元件、仪表工作是否正常并定期进行检修。

（5）易损坏的零件（如密封圈等）应经常贮有备品，以便及时更换。

2. 热压机柱塞的保护和油缸密封圈的更换

柱塞表面损伤的主要原因是由于液压油中含有砂粒等杂质。柱塞表面一旦受到刮伤，在渗漏的高压油液的强烈磨削下，伤痕将迅速扩大和加深。在湿法纤维板加压过程中，湿板中挤出的酸性废水对柱塞表面有腐蚀作用，温度越高，腐蚀越大，特别是当柱塞表面硬质保护层有伤痕时，更为严重。另外，挤出的废水中的细小纤维也容易挤入密封圈与柱塞之间，影响密封效果。所以有的热压机在柱塞周围安有环形喷水管，其作用是冲洗柱塞，免受酸性废水腐蚀和保持清洁，同时也有降低柱塞温度的作用。

柱塞发生偏磨也是造成表面擦伤和密封圈磨损、挤坏的原因之一。柱塞偏磨是由于板坯（特别是纤维板湿板坯）经常左右厚度不一致，在热压机加压时产生偏载所造成的。柱塞与缸套的间隙过大也会引起偏磨。

经常发生漏油的油缸，在检查时应吊出柱塞，检查其表面情况，特别是最高压力时密封位置部分，损伤严重时应更换柱塞。如有偏磨现象，需要检查柱塞与缸套的配合精度，并在生产工艺上采取措施，防止偏载。

油缸密封圈由于磨损或安装不正确以及柱塞表面损伤等原因引起损坏，造成油缸漏油。密封圈的正常磨损量很小，在柱塞表面良好及密封圈安装正确的情况下，密封圈的使用寿命可达六个月以上。过度的磨损，常常是由于密封圈安装的不正确，柱塞表面有划痕、不平整、粗糙、偏受力或油液中含有砂粒杂质引起柱塞与密封圈的强烈摩擦等原因造成，以致很快损坏密封圈的表面和边缘。新更换的密封圈，如发现有少量漏油时，可以检查一下法兰压环上的螺栓是否拧紧。

更换密封圈的操作如下：开动热压机，将托板（下顶板）升起，用四根"顶杆"或木柱将托板的四角支撑住。在托板下面装一个手动葫芦，分别将柱塞上盖及法兰压环的螺栓卸掉后，用手动葫芦将它们吊起。用铁丝钩将密封圈逐个取出，换上新的，再把法兰压环放下，拧紧法兰压环上的螺栓，安装好柱塞上盖，然后升起柱塞顶住托板，将"顶杆"取下，即可使用。

在安装新密封圈时，要注意安全，防止带入脏物和密封圈发生"翻边"现象。在拧紧法兰压环的螺栓时，要注意各个油缸压环的压力要一致，否则压得太紧的油缸摩擦阻力太大，柱塞升降速度不一。换下的密封圈要仔细检查，分析损坏原因，以便采取预防措施。密封圈的规格、结构和外形等应按照图样规定的标准选用，不可随意更改。

3. 热压板的维护保养

（1）经常保持热压板表面的平整光洁，不平整的金属物不得带入热压板，以免擦伤热压板的表面；

（2）板坯应正确放在热压板中间位置，大小不一的板坯或胶合板不得同时热压；防止热压机的偏压，造成热压板弯曲变形和油缸的偏压磨损；

（3）停机时间较长时，应排除热压板内的蒸汽冷凝水，以防热压板孔道被锈蚀；

（4）经常注意各热压板的温度是否一致，当发现某块热压板的温度局部或全部不热时，应检查进气管、排气管、热压板通道有无堵塞现象；通常都是由于热压板通道内原有的固定"塞子"脱开或移动位置造成，但有时是因严重的锈蚀引起；如果大量排气，仍不能使该部分的升温恢复正常，就需要将热压板卸下作进一步检查，排除障碍后才能使用；

（5）热压板发现局部漏气，可以用电焊补上漏气部位，焊好后应试验水压，压力为蒸汽压力的 1.2～1.4 倍，并修平焊补处，如果是热压板内严重锈蚀引起的渗漏，应该更换新板。

4. 蒸汽支管接头密封圈的更换

许多热压机的蒸汽支管转动活接头，都使用石棉填料的密封装置。在高温下，石棉填料容易硬化出现漏气现象，采用密封性能较好的球形活接头和聚四氟乙烯密封圈效果较好，密封圈一般可使用一年左右。也有将石棉线浸渍聚四氟乙烯塑料，在原有的填料盒内压紧使用，效果也较好，但使用不方便。

球形接头密封的更换：在球形接头外端的密封圈更换较为方便，当球形接头后面的密封圈需更换时，只需要将密封圈斜切开成 45°斜口，可不换，然后在球形接头后面使用，不会影响密封效果。

5. 热压机的润滑要求

（1）滚动轴承采用 4 号钙基润滑脂润滑，每六个月一次；

（2）导向板、导轨采用复合钙基润滑脂润滑，每周加油不少于一次；

（3）液压油采用 20 号机油，每六个月清洗和换油一次；

（4）滑轮、链条等传动件采用 30 号机油，每天注油一次。

（七）热压机安全操作规程

1. 热压机的操作必须由专人负责，应了解设备的结构和性能，经培训合格后方能上岗操作。

2. 机架

（1）整机试运行后，应重新校验上下横梁的平行度及立柱的垂直度；

（2）新安装的热压机运行 200 个周期后，应将所有紧固件重新紧固。

3. 热压板

（1）工作过程中，要保持热压板上下表面的清洁，及时清理杂物，以免损坏热板表面和影响压制品表面质量；

（2）热压机停机时，热压板应处于闭合状态，长期停止使用时必须采取防腐措施。

4. 油缸

生产过程中，注意柱塞的清洁，如果油液中有杂质或赃物粘到柱塞上，都可能在运动中划伤柱塞表面，磨损坏密封圈，出现漏油现象。如出现此情况，应及时和维修人员联系，更换柱塞和密封圈。

5. 对热压板主供热的热源应满足下列条件

（1）使用导热油作热传递的系统，选用热油泵时，应满足热油流速在热板中大于 0.5m/s；

（2）热源系统应在热油泵进油口前加入便于拆装清洗的过滤器，过滤精度不大于0.5mm，过滤器的流量应大于油泵流量的3倍；

（3）每块热压板的流通截面积为6.28cm²。

6．液压油

（1）使用液压油必须清洁，视实际情况定时更换或过滤油液，最长时间应六个月过滤或更换一次，并定时排污清洗或更换滤油器；

（2）系统正常工作温度在25～55℃。

7．液压系统

（1）液压阀的安装面、接头、法兰处如有漏油现象，应更换密封圈；

（2）液压系统在工作前应调整好，主要应调整压力表的上下指针，工作时不得擅自调整，以免损坏系统，如果在生产中需要维修，必须请专业人员重新调试，在调试时高压指针应归零，严禁带高压维修。

四、任 务 实 施

（一）任务分析

根据生产任务描述得知，要进行的是热压加工。所以本次任务的实施采用压板幅面为2700mm×1370mm的多层热压机。多层热压机的液压缸缸径为320mm，液压缸数量为4个，层数为10层，高压泵公称压力为31.5MPa。地板板坯规格为2200mm×210mm×20mm，每层压板可以同时压6片板。

（二）任务实施

（1）事先对地板板坯进行涂胶、预压；

（2）对压机进行安全检查；

（3）根据工艺要求的地板板坯单位压力和选定的热压机参数计算热压机表压力；

（4）调整热压板温度为110℃；

（5）设定热压时间为390s；

（6）装板，要求各层板上下对齐；

（7）压机闭合热压；

（8）到达时间后压机自动开启。

五、知 识 拓 展

热压机常见故障及排除办法见表8－1。

表8－1　　　　　　　　　　热压机的常见故障及排除方法

故障	产生原因	排除方法
热压机不启动	低压泵的转向不对，不送油；低压泵吸空；吸入滤油器堵塞	检查电器接线，改成液压泵旋转方向，清洁或换新滤油器
	蓄压器送油阀未打开	打开蓄压器送油阀
	未达到工作压力时，压力开关不工作	继续打压待达到工作压力时，再启动
	总阀（配油阀）的阀芯被脏物卡住，失灵，引起自动回油	检查配油阀、卸压阀，并进行修复

续表

故障	产生原因	排除方法
热压机不启动	管路破裂或管接头脱开	检查管路，进行修复
热压机的压板上升太慢	低压液压泵吸空，吸入滤油器堵塞	检查液压泵，清洁或更换新的滤油器
	由于油箱内的油面过低，液压泵轴密封处吸入管接头及各类阀的密封漏气等	增加油量到规定位置，更换密封圈，修复液压泵、阀及管路接头等漏气部分
	油缸内操作聚滞空气	打开放气塞，将空气放尽
	油缸密封圈磨损或安装不正确而引起漏油	调正更换和正确安装密封圈
	安全阀失灵，不关闭或其他阀开放造成低压侧到回油侧的漏损	检查故障，调整和修复或更换新的安全阀
	蓄压器气不足或充气量不足	检查蓄压器的气压，用肥皂水的方法检查蓄压器的管接头处是否有漏气，并加以修复，补充足够的氮气
打不上高压或保持不住压力	高压液压泵的补给液压泵（供低压油）因为动力不足，油的黏度不适当、损坏等原因造成供油不足	检查补给液压泵，确定故障，加以排除
	高压泵的柱塞磨损，活门关闭不严及进入空气等原因造成油压下降	检查高压泵的柱塞、活门等部分，确定故障，加以排除
	高压安全阀弹簧压低，自动回油	检查高压安全阀，正确调整弹簧压力
	高压油路中的单向阀，因阀芯被堵塞、阀座磨损、轴密封损坏、阀体变形及弹簧疲劳等原因，造成漏油	检查高压部分的控制调节阀，确定故障，清洗修理或更换新的
	管路中漏油	检查管路进行修复
油缸柱塞的升降速度不一致	升降迟缓的柱塞密封圈安装不正确，压得太紧	松开该柱塞的密封圈压环使各缸的密封圈压紧程度一致
	油缸密封圈的尺寸不一致	更换尺寸不对的密封圈
热压板的温度升不高	蒸汽压力太低，供气量不足	提高气压供给足够的蒸汽
	排气管堵塞，热压板内积聚冷凝水	检查排气管路和冷凝水排除罐等有无堵塞，排除积水
	热压板内蒸汽孔、通道因锈蚀等造成堵塞或"短路"	用大量蒸汽吹送蒸汽管道，如仍堵塞不通时，则需卸下，进一步检查修复
油缸漏油	密封圈密封不严或磨损	调整或更换密封圈
	活塞表面腐蚀，特别是在密封圈部位	检查活塞表面，腐蚀严重的需更换

六、作业与思考

1. 根据加工工艺不同、压机层数的多少，压机是如何分类的？
2. 多层热压机的结构主要由哪几部分组成？
3. 如何计算压机的总压力和表压力？

模块九　涂 饰 设 备

任务 1　喷涂设备的调试与操作

一、学 习 目 标

（一）知识目标

1. 掌握空气喷涂设备安全操作规程；
2. 掌握空气喷涂设备工作原理与结构；
3. 了解常见喷涂设备分类及特点。

（二）能力目标

1. 能调整空气喷涂设备，能调整混气喷涂设备；
2. 能使用空气喷涂喷枪进行生产操作。

二、任 务 描 述

某家具企业油漆工组要使用空气喷涂喷枪对衣柜旁板进行头度底漆涂饰，底漆涂布量为 $120g/m^2$，要求被涂饰表面光滑、无留挂、无气泡等现象。

三、相 关 知 识

（一）喷涂特点及喷枪设备的分类

1. 空气喷涂特点及设备

空气喷涂是以压缩气作为雾化动力的喷涂方法。

特点：空气喷涂可以产生均匀的漆，涂层细腻光滑；对零部件的较隐蔽部位（如缝隙、凹凸）也可均匀地涂饰，喷涂生产效率相对比较高，可喷涂的涂料范围广；喷涂可实现机械化、自动化、智能化机器人涂装；对于喷涂较大零部件或产品时，更能显示其高效率的涂装优势。设备成本低廉，操作简单。但空气喷涂的缺点也是明显的，一是油漆利用率低，涂料利用率只有30%～40%，波浪状的喷雾常易引起反弹及过喷等缺点，不但浪费了涂料，对环境也造成了相当的污染。二是涂料与压缩空气直接接触，所以对压缩空气要求净化处理，否则压缩空气中的水分和油混入涂料，就会使涂层产生气泡和发白失光等弊病。三是有利于环保的高黏度高固体含量的涂料应用越来越广泛，空气喷涂不适合使用。

空气喷枪按供料方式可以分为压力式、重力式和虹吸式三种。分别见图9－1、图9－2和图

图9－1　岩田压力式喷枪

9-3。压力式喷枪通过压力罐或双隔膜泵的压力将涂料输送到喷枪。喷枪本身不带罐，减轻了喷枪重量，降低了操作工的劳动强度，特别适合连续表面不间断操作，避免加料引起停工，提高工作效率，以达到最佳喷涂质量。

图9-2　岩田重力式喷枪

图9-3　虹吸式喷枪

2. 高压无气喷涂特点及设备

高压无气喷涂的工作原理是通过增压泵，将涂料增压至6～30MPa，通过喷嘴将涂料雾化成细小的微粒，直接喷射到被涂物表面的一种喷涂方式。

具有以下特点：

（1）施工效率高　喷涂效率在300m²/h以上，大大节省人力和工时。提高附着力，延长涂层寿命；高压无气喷涂采用高压喷射雾化，使涂料微粒获得强有力的动能，涂料微粒借此动能射达工件空隙之中，因而使涂层更密，与工件的机械咬合力增强，附着力提高，有效延长涂层寿命。

（2）节省涂料　特别是对高黏度涂料，空气喷涂因空气在工件面反弹时把涂料带出，涂料利用率下降。而无气喷涂，既可获得均匀的涂层，反弹也比空气喷涂小，涂料有效利用率高，相对空气喷涂方式可节约涂料10%～30%。

高压无气喷涂的不足之处在于它的出漆量较大且雾化颗粒较粗，涂层厚度不易控制，做精细喷涂时不如空气喷涂细致。

3. 空气辅助无气喷涂特点及设备

空气辅助无气喷涂又称混气喷涂，采用一定压力比的专用喷涂机将涂料增压到4～5MPa后，经喷嘴喷出。经过过滤、调压后的压缩空气被送到空气帽，经过特殊设计的孔道喷出。一部分压缩空气参与了涂料的雾化过程，即将膨胀雾化的涂料进一步雾化，使其变得更细、分布更均匀；另一部分压缩空气在涂料的扇形漆雾流周围形成风幕，限制漆雾流向四周散逸，约束其向工件涂敷。总之，混气喷涂雾化力来源于两方面，其一来自液体，涂料受压后突然减压膨胀而雾化；其二来自气体，即压缩空气的流动，促使涂料进一步雾化。这两点要素合在一起，称为双生雾化。这种喷涂方法称为混气喷涂法。图9-4所示为混气喷涂喷枪，图9-5所示为混气喷涂泵站。

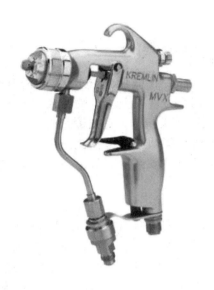

图 9 - 4 混气喷涂喷枪

图 9 - 5 混气喷涂泵站

具有以下特点：

（1）提高涂层质量 混气式喷涂法可获得高质量的装饰性涂层表面，要获得这样的表面关键在于喷涂的雾化效果。良好的雾化效果取决于喷涂雾流的两个方面，其一是涂料被雾化后的每个涂料液滴的细微程度，即每个液滴直径的大小；其二是由这些涂料液滴组成的漆雾在整个漆雾流宽度上的均匀分布程度。混气式喷涂法由于采用了双重雾化原理，在这两个方面都获得了满意的效果。

（2）节约涂料 混气喷涂比空气喷涂节约 20% ~ 50% 的涂料，比高压无气喷涂法节省10% ~ 25% 的涂料。原因是混气式喷涂所用的涂料压力比高压无气的小，所用压缩空气的压力比空气喷涂又小得多（0.1 ~ 0.2MPa）。在这样的条件下，经喷嘴喷出的涂料初速大大低于高压无气喷涂，压缩空气的初速也大大降低，从而使被雾流的外部又有一环形风幕约束，限制漆雾流向四周散逸。这两个因素决定了混气式喷涂法大幅度地减少了散逸漆雾的飞扬，比空气喷涂减少 20 倍以上。

（3）提高生产效率 混气式喷枪涂料喷涂量大，是空气喷枪的 10 倍；漆雾流幅宽达400mm，而空气喷涂幅度仅为 70 ~ 100mm；混气喷涂一道膜厚可达 20 ~ 50μm，空气喷枪只有 10 ~ 15um，因而可减少施工次数，所以混气式喷枪具有很高的生产效率。

（4）改善工作环境 混气式喷涂的涂料压力比高压无气喷涂小得多，从而经喷嘴喷出的涂料初速大大低于高压无气喷涂，喷涂漆雾流几乎没有反弹；同时由于风幕作用，使漆雾散逸受到限制；这两个因素决定了操作时漆雾大幅度减少。经现场检测，混气式喷涂机产生漆雾较空气喷枪低 20 余倍。甲苯、二甲苯浓度低 5 倍，从而有效改善了工作环境。

（5）具有良好的工艺性 表现为黏度适应性广，适用涂料种类多，可减少稀料用量，易于操作，因而便于推广应用。

尽管混气式喷涂法有较多的优点，但也有不足之处，如一次性投资接近高压无气喷涂，另外每天下班前需进行设备及管路的清洗。

4. 高效低压喷涂特点及设备

高效低压喷涂是指高效率低压力喷涂，又简称 HVLP 喷涂，它是降低了压缩空气压力，适当提高流量而完成雾化。图 9 – 6 所示为高效低压喷枪。

特点：空气喷涂需要空气压力 0.3 ~ 0.5MPa，而高效低压喷枪喷涂只需 0.02 ~ 0.07MPa，涂料的反弹极大减少，其涂料传递效率高达 65% 以上，且喷涂质量优异。其喷枪属于低压喷涂，只能喷涂较低黏度的涂料（一般 20s 以下），且出漆量较慢，生产效率不高。高效低压喷枪喷涂有电动和气动两种，电动型移动清洗方便，出气为暖风，无油水污染，适合家装或小批量现场作业；气动型为集中供漆，喷涂效率高，适合工厂化生产。

5. 静电喷涂设备

静电喷涂是可以和空气、混气喷涂加以组合应用，并将各自的优点综合成一个新的喷涂方法。在接地工件和喷枪之间加上直流高压，就会产生一个静电场，带负电的涂料微粒喷到工件时，经过相互碰撞均匀地沉积在工件表面，那些散落在工件附近的涂料微粒仍处在静电场的作用范围内，它会环绕在工件的四周，这样就喷涂到了工件所有的表面上。静电发生器与喷粉枪见图 9 – 7。

图 9 – 6　高效低压喷枪　　　　　图 9 – 7　静电发生器与喷粉枪

特点：适合喷涂钢结构件、钢管制品等几何形状复杂、表面积较小的工件，能方便、快捷地将涂料喷涂到工件的每一个地方，可以减少涂料过喷、节省涂料。涂料传递效率高达 60% ~85% 且其雾化情形很好，涂膜厚度均匀，有利于产品质量的提高。在木器家具上，静电喷枪同样能取得良好的静电环抱效果，特别适合椅子、茶几等工件。但静电喷涂对涂料的黏度及导电率都有一定的要求，不是所有涂料都适用于静电喷涂，且设备的投资也较大。

（二）喷枪设备结构

SATAjet 1000K RP 喷枪（见图 9 – 8 和图 9 – 9）特点与技术参数、喷枪及枪嘴口径 1.1RP（于 0.25MPa 气压时的耗气量：410L/min）、推荐喷枪进气压为 0.25MPa。

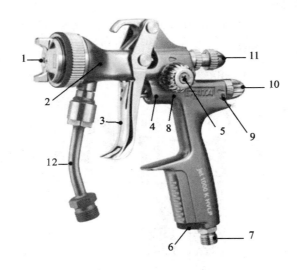

图 9 - 8　SATAjet 1000K RP 喷枪

1—喷嘴套装（只有风帽可见）　2—自压紧枪针密封件（不可见）　3—扳机
4—自压紧式空气阀门顶杆密封件（不可见）　5—圆形和扇形喷幅无级调节旋钮
6—颜色编码系统　7—1/4 英寸外螺纹空气接头　8—空气阀门（不可见）
9—内六角型紧固螺栓　10—空气流量调节旋钮　11—涂料流量调节旋钮　12—油漆管

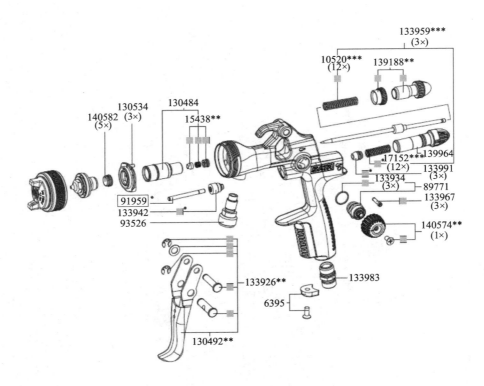

图 9 - 9　SATAjet 1000K RP 喷枪详图

注：＊＊代表企业各零部件代码，无实际意义

（三）油水分离器结构

以 SATA filter 400 为例，见图 9 – 10 和图 9 – 11。此处只作简单了解即可。

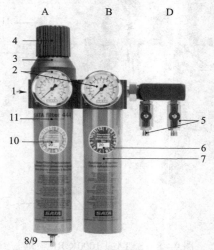

图 9 – 10　SATA filter 400 油水分离器

1—1/2ft 进气口　2—压力表　3—调压阀　4—调压钮
5—1/4ft 出气口球阀　6—精过滤器　7—B 和 C 级过滤器　8—内装的
冷凝水自动排泄阀　9—冷凝水排泄软管　10—烧结过滤器　11—过滤器套筒，A 级过滤器

注：1ft = 0.305m

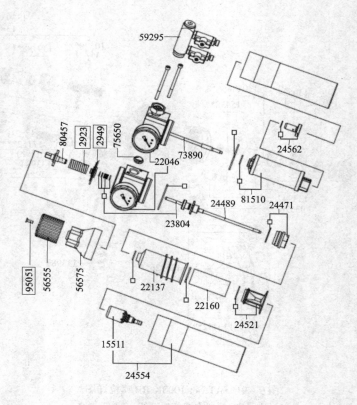

图 9 – 11　油水分离器结构

（四）设备调整

1. 喷枪调试

在开始操作前（特别是在每次清洁和修理工作后），查看所有螺丝和螺母是否紧固。特别是涂料流量调节旋钮、圆形/扇形喷幅调节以及固定空气流量调节旋钮的内六角型螺栓。

将罐上的或泵上的物料软管连接到喷枪的物料连接器上，在取下喷枪的情况下，先调节所需要的雾化空气压力表，然后调节所需要的物料输送压力。喷射于纸张或类似物体上以检查喷射图，如有必要可通过调节压力来优化喷射效果。

空气流量调节钮要达到最大空气流量，应将空气流量调节旋钮全开，即垂直位置，通过空气流量调节旋钮可以调节喷枪内部压力。把喷枪与气源连接，扣动扳机，调节到所需的喷涂压力，如图 9 - 12 所示。

（1）喷枪动态进气压调节

① 安装了带调节的枪尾压力表：通过调节器确保足够的压力。在枪尾压力表上调节到进气压力 0.15 ~ 0.2MPa，如图 9 - 13 所示。

图 9 - 12　喷枪压力调节

图 9 - 13　压力表 I

② 安装了不带调节的枪尾压力表：在油水分离器上调节直至枪尾表显示所需的喷枪进气压力，如图 9 - 14 所示。

③ 没有枪尾表：在油水分离器上调节，由于没有枪尾表不能获知准确的喷枪进气压，为了补偿压力，空气软管长度每 10m 应将油水分离器调上调高大约 62kPa 的压力，如图 9 - 15所示。

图 9 - 14　压力表 II

图 9 - 15　油水分离器

（2）调节涂料流量　根据涂料黏度和所需流量调节旋钮 1，并锁紧螺帽 2 固定，一般情况下涂料调节旋钮调到最大，如图 9 - 16 所示。

（3）圆形/扇形调节旋钮调节　可以无段调节喷幅；向左转 - 扇形，向右转 - 圆形，如图 9 - 17 所示。

图9-16 涂料调节旋钮

1—旋钮 2—螺帽

图9-17 调节旋钮

（4）针嘴帽套装 针嘴帽套装，包括枪针、喷嘴和风帽。安装喷嘴套装时，应按喷嘴、风帽、枪针的先后顺序进行，否则容易产生喷嘴喷胀裂等现象。针嘴帽如图9-18所示。

（5）喷涂距离调整 为避免过喷和表面出现瑕疵，在喷涂过程中应控制喷嘴与被涂饰物之间的距离在15～25cm，空气压力在0.15～0.25MPa（压力表为1.5～2.5bar）。图9-19所示为喷涂距离演示。

图9-18 针嘴帽

图9-19 喷涂距离演示

2. 油水分离器调试

油水分离器如前文图9-10所示。将压缩空气接头连接在进气口球阀上，安装适合的过滤器（烧结过滤器-黄色，精细过滤器-蓝色，活性炭过滤器-黑色）。连接好后，朝逆时针方向将调压钮4旋转到底（关闭状态），打开球阀5，朝右旋转调压钮，直到在压力表2中显示所希望的压力，使用喷枪（完全扣紧扳机）时检查压力，必要时再次调节。

烧结过滤器（A级）：主要分离大于5nm的颗粒物以及冷凝水和油，可以借助调压钮在调压阀3上微调得到所希望的排气压力并从压力表上可读取，如果超过了冷凝水的特定液位，自动冷凝水排泄阀8便在压力下打开。冷凝水中的绝大部分通过排泄管9排出。

精细过滤器（B级）：特种微纤维网过滤细度达0.01nm，能够分离出最细小的颗粒物。

活性炭过滤器（C级）：主要吸附更为微小的颗粒。

（五）安全操作规程

（1）各类涂料和各种易燃有害材料，应存放专用库房内，不得与其他材料混放；

（2）挥发性油料应装入密闭容器内，妥善保管；

（3）操作间内应设置防火器材和"严禁烟火"的明显标志；

（4）操作间应与其他住宅建筑物保持一定距离；

（5）操作中应戴好防护用品，严禁吸烟；

（6）沾染涂料的棉纱、破布、油纸等废物，应存放在有盖的金属容器内及时处理；

（7）在室内或容器内喷涂，要保持通风良好，喷涂作业范围不准有火种；

（8）严禁任何携带火种者进入操作间；

（9）禁止带压拆卸喷枪。

四、任 务 实 施

（一）施工前准备

（1）确认设备接地良好；

（2）确认吸料管与泵、油漆管与泵，喷枪与油漆管接好（接头拧紧），泵上过滤器拧紧；

（3）将吸料管插入稀料中，取掉喷嘴和喷帽，打开回流阀，然后调节空气调压阀直到泵能缓缓启动；

（4）直到稀料从回流管中均匀有节奏地流出（表示泵体中气体已经排空），关闭回流阀，打开喷枪，直到喷枪中稀料有节奏流出（表示管路中空气已经排空）；

（5）将吸料管插入调好的油漆中，打开回流阀，直到回流管均匀有节奏地流出油漆，此时关闭回流阀（表示泵中稀料排尽），打开喷枪，直到喷枪均匀有节奏流出油漆，关闭喷枪；装上喷嘴，调高压力到工作范围〔0.2MPa（压力表为2bar）左右〕，此时即可进行施工作业。

（二）喷涂施工

（1）检查被涂饰工件砂光是否符合喷涂要求，砂光粉尘是否清除干净，无误后进行喷涂。

（2）涂布量为120g/m²，涂料为PU底漆，喷枪喷嘴距离零件表面20cm，压缩空气压力为0.2MPa（压力表为2bar）。

（三）设备清洗

（1）关闭气源，将调压器压力调到零；

（2）将回流阀打开，释放涂料压力（泄压）；

（3）关上喷枪，取下喷嘴，并将其放入干净的稀料中浸泡；

（4）将吸料管提到油漆液面上，打开气源和回流阀，调高进气压力到泵刚好能启动，直到完全将泵中残余的涂料缓缓排入油漆桶中；

（5）将吸料管放入稀料桶中，打开回流阀，直到回流管流出干净的稀料为止，关闭回流阀（此操作为清洗泵体），打开喷枪，直到流出干净的稀料为止（此时表示清洗干净，此操作为清洗管路及喷枪）；

（6）关闭气源，将压力调节到零，然后泄压（如上操作2）；

（7）打开泵上过滤器，取出滤网，浸入稀料中，用毛刷刷洗干净滤网和喷嘴；

（8）装上滤网和过滤器并拧紧，装上喷嘴，以备下次使用。

五、知 识 拓 展

（一）日常维护与保养

1. 油水分离器维护

维护工作应在无压力的情况下进行，烧结过滤器一般每6个月进行一次维护清洗，精细过滤器的滤芯每 6 个月进行一次更换，活性炭过滤器滤芯每 3 个月进行一次更换，如压缩空气污染严重，应在最短的间隔时间更换滤芯。滤芯一旦饱和，在涂饰施工过程中就存在功能受干扰的危险，对涂饰质量影响比较大。

2. 喷枪日常维护与清洁

（1）用稀释剂彻底冲洗喷枪；

（2）用毛刷或专用刷清洁枪嘴和风帽，不可以把喷枪浸泡在稀释剂里；

（3）在任何情况下，都不能使用硬质的工具（如大头针、回形针）清理风帽和喷嘴上被堵塞的空气孔，即使稍微受到损伤都会对喷幅产生不良影响，应使用专用清洁针进行清理；

（4）只有当分流环有损坏的情况下才需拆开它，并换上新的分流环；

（5）使用专用润滑油轻轻地润滑可移动部件。

（二）常见故障与排除

1. 油水分离器常见问题、原因及解决办法

油水分离器常见问题、原因及解决办法如表 9 - 1 所示。

表 9 - 1   油水分离器常见问题、原因及解决办法

故障现象	原因	解决办法
不能调节压力	进气压力不够	提高进气压力
	调压阀失灵	更换薄膜
排出的压缩空气中有油	压缩空气含油量太多	检查压缩器，冷却干燥器
		排泄冷凝水（手工打开）
	过滤器饱和	维护过滤器
不排泄冷凝水或排泄程度不够	浮子黏牢在排泄阀上	通过取出放松片拆下排泄阀，将它清洗或更换
		更换排泄阀
不断吹净排泄阀	没有垂直安装过滤器	垂直安装过滤器
	黄铜部件不在下面	让过滤器受压，并将黄铜部件朝下拉
	浮子黏牢在排泄阀上	清洗或更换排泄阀
	排泄阀受损	更换排泄阀
	过滤器内压力小于0.1MPa	提高进气压力

2. 喷涂设备常见问题、原因及排除方法

喷涂设备常见问题、原因及排除方法如表 9 - 2 所示。

表 9 - 2   喷涂设备常见问题、原因及排除方法

故障情况	产生原因	排除方法
设备不启动	气源未打开	打开气源
	进气调压阀未打开	打开调压阀
	进气压力太小	增大进气压力

续表

故障情况	产生原因	排除方法
泵不吸料	入口过滤网堵塞	将过滤网清洗干净
	球阀被黏住	清洗球阀
	吸料管堵塞	清洗吸料管
	压力不足	调高压力
雾化不佳	压力不足	调高泵压力
	枪上雾化空气压力过小	增大枪上空气压力
	喷嘴磨损	更换喷嘴
	喷嘴过大	更换更小型号喷嘴
	滤网堵塞或目数太小	清洗滤网或更换更大滤网
	空气帽堵塞	清洗空气帽
泵吸料不停/不回流	入口过滤网堵塞	清洗滤网
	密封件磨损	更换密封件
	回流阀堵塞	清洗回流阀
压力不足	喷嘴堵塞	清洗喷嘴
	滤网堵塞	清洗滤网
	涂料黏度过高	降低涂料黏度
	滤网目数过小	使用较大目数滤网
	涂料管过长	使用正确长度涂料管

六、作业与思考

1. 空气喷涂喷枪使用后如何进行清理？
2. 简述喷枪的分类与特点。

任务2　辊涂设备的调试与操作

一、学习目标

（一）知识目标

1. 掌握辊涂设备安全操作规程；
2. 掌握辊涂设备工作原理与结构；
3. 了解辊涂设备分类及特点。

（二）能力目标

1. 能进行辊涂机、UV固化机调试；
2. 能进行辊涂机、UV固化机生产操作。

二、任务描述

某实木地板企业油漆工组要使用辊涂机、UV固化机将规格为450mm×80mm×15mm的实木地板毛料进行头度底漆涂饰，底漆涂布量为25g/m²，要求被涂饰表面光滑、边角无堆漆现象。

三、相关知识

（一）设备的分类、结构与特点

企业生产中所用的辊涂设备常常依据产品的特点成自动生产线布置，一般由腻子机、毛刷机、红外线干燥隧道、传送带、辊涂机、UV 固化机、背涂机等组成。

辊涂机全称辊式涂布机，即用一组以上的回转辊筒把一定量的涂料涂布到平面状材料上的装置。图 9 - 20 所示为精密双辊辊涂机。

1. 辊涂机特点

辊涂机是辊涂设备系列机械中一种重要的设备，具有油漆损耗小、生产效率高、维护简单方便等优点；可以和流水线很好地对接，组成自动化程度较高的生产线；尤其适合 NC 油漆与 UV 油漆的涂装，使用效果最优；也适合 PU 油漆与 PE 油漆的涂装，但是对胶辊的要求较高，清洗机器麻烦一些，操作起来不是太方便。

2. 辊涂机分类

依据涂布辊与定量辊速度是否可调整及旋转方向可分为：全精密辊涂机、半精密辊涂机、普通型辊涂机、正逆辊辊涂机。依据辊涂辊的组数可分为单辊辊涂机、双辊辊涂机。这些辊涂机工作原理都基本相同，功能存在部分不同。

① 全精密辊涂机：涂布辊与定量辊速度都可以单独进行精密的调节；

② 半精密辊涂机：只有涂布辊可以单独精密地调节速度；

③ 普通型辊涂机：涂布辊与定量辊都不能独立地调节速度，已属于淘汰的机型；

④ 正逆辊辊涂机：涂布辊与定量辊一条正转一条反转的辊涂机，因操作难度大，运用不广。

3. 辊涂机结构

辊涂机结构如图 9 - 21 所示。

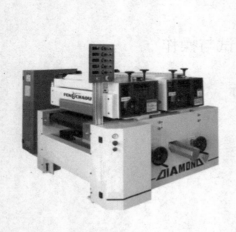

图 9 - 20　精密双辊辊涂机

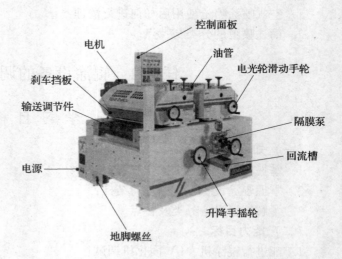

图 9 - 21　辊涂机结构

（1）PLC 控制面板　由控制箱、电器柜、变频器、电位器、按钮、指示灯等组成，控制着整机的运行，对设备的整体运转进行调控，可控制涂布辊、定量辊、进给带的运行速度，PLC 控制系统如图 9 - 22 所示；

（2）输送调节件 防止工件在输送带上跑偏，可进行防偏调整，如图9-23所示；

图9-22 PLC控制系统　　　　　　　图9-23 气压输送调节系统

（3）升降手轮 是设备针对工件的厚度的唯一调节系统，调节轻便、精确，如图9-24所示；

（4）光电滑动手轮 即定量辊调整手轮，调整涂布辊与定量辊之间的距离；

（5）刹车挡板 防止工件重叠或操作人员手进入辊涂设备，安全防护装置，如图9-25所示；

图9-24 自动升降系统　　　　　　　图9-25 刹车（进料）挡板

（6）涂布头 是设备的涂漆系统，涂布辊与定量辊都安装在上面，如图9-26所示；

图9-26 涂布头

（7）进漆系统 由隔膜泵、油漆管、球阀、管接头、热水循环加热系统（见图9-27）（北部地区冬季施工温度过低，对需要涂饰的涂料需进行一定的加热处理，否则很难保证涂布过程中涂料的黏度一致性）等组成，负责把油漆抽到涂布头上；

（8）回漆系统　由短回漆槽、长回漆槽、回漆漏斗等组成，负责油漆回收循环。

一般而言，辊涂机又可分为面漆辊涂机、底漆辊涂机、颜色辊涂机，其构造与工作原理基本相同，主要是所用的涂布辊不同。颜色辊涂机涂布辊多为海绵辊（邵氏硬度为10～15度），底漆辊涂机涂布辊多为橡胶辊（邵氏硬度为15～25度），面漆辊涂机涂布辊多为橡胶辊（邵氏硬度为25～45度），定量辊可分为普通钢辊与镭射钢辊两类。由于腻子机的结构与工作原理与涂布机相似，在此不再做过多介绍。

辊涂工作原理：涂布辊（橡胶辊或海绵辊）与定量辊（钢辊：分为光辊与镭射辊两类）平行靠紧，并匀速向内旋转，中间产生一个V形的空间，油漆就均匀地流在此处，调节涂布辊与定量辊之间的紧密度，就可以控制黏附均布胶辊上的油漆厚度与均匀度；被涂饰工件由输送带往前匀速推进，与涂布辊适当接触，涂布辊上的涂料就均匀地转印到板块表面上。涂布辊与定量辊同向旋转的设备主要用于涂布黏度较大的涂料，而涂布辊与定量辊相向旋转并不安装刮刀的设备主要用于涂布黏度较小的涂料。

（二）UV固化机（紫外光固化机）

UV是英文Ultraviolet Rays的缩写，即紫外光线。紫外线（UV）是肉眼看不见的，是可见紫色光以外的一段电磁辐射，波长在10～400nm。UV固化机是利用UV光源固化UV涂料的设备。图9-28所示为双灯UV固化机。

图9-27　热水循环加热系统

图9-28　双灯UV固化机

1. UV固化机特点

UV光固化，采用UV漆，瞬间干燥，产品固化速度快，免除等候干燥时间，大大缩短涂装流程时间，节省大量的人力与空间，增加了生产效率，改善了产品质量。最突出的当属UV光固化不会排放有机挥发物，对施工操作人员的健康危害及环境的污染几乎为零，成分中不含甲醛、苯、TDI、重金属，利于环保。涂装产品表面硬度提高，色泽亮丽。干燥后能使产品表面达到高硬度、高光泽、耐摩擦、耐溶剂的效果。但是该类固化方式仅限于平面涂饰施工，对于产品表面不平整的异型零部件不适用，具有一定的局限性。

2. UV固化机分类

根据使用特性可分为：平面UV固化机，箱式UV固化机，手提UV固化机，触摸UV固化机，台式UV固化机等。

根据灯管的数量可以分为：单管 UV 固化机、双管 UV 固化机、三管 UV 固化机。

3．UV 固化的原理

在特殊配方的树脂中加入引发剂（或光敏剂），经过吸收紫外线光固化设备中的高温度紫外光后，产生活性自由基或离子基，从而引发聚合、交联和接枝反应，使树脂 UV 涂料、油墨、胶黏剂等在数秒内（不等）由液态转化为固态。

4．UV 固化机的结构

（1）输送系统 如图 9 - 29 所示；

（2）UV 光源系统 由石英管抽真空后，注入一定量的水银并填充定量的惰性气体，两端各放置电极后定型，再将电极与陶瓷、金属灯头和导线与电源供应器相连接。

UV 灯为气体放电灯，气体放电灯分为弧光放电和辉光放电，UV 固化中常用 UV 灯为弧光放电灯，其工作原理是在真空的石英管中加入定量的高纯汞（水银），通过对两端电极提供电压差（压降），产生离子放电，从而产生紫外线辐射。UV 灯罩如图 9 - 30 所示。

图 9 - 29 输送带

图 9 - 30 UV 灯罩

5．UV 灯关键参数

（1）UV 辐射强度（或密度） 到达表面单位面积内的辐射功率，辐射强度以 W/cm 或 W/in 表示。

UV 灯常用强度：80W/cm 即 200W/in，120W/cm 即 300W/in，160W/cm 即 400W/in，240W/cm 即 600W/in。

（2）光谱分布（波长） 它描述作为灯管发射波长功能之一的辐射能量或到达表层的辐射能量的波长分布，常用一个相关标准化的术语来表达，即 nm。A 真空紫外线（Vacuum UV），波长为 10 ~ 200nm；B 短波紫外线（UV—C），波长为 200 ~ 290nm；C 中波紫外线（UV—B），波长为 290 ~ 320nm；D 长波紫外线（UV—A），波长为 320 ~ 400nm；E 可见光（Visible light），波长为 400 ~ 760nm。

紫外线（UV）用于工业生产，一般使用的是长波 UV（UV—A）。其中 365nm 为主峰的波长是世界各国常用的用于固化干燥的波段（以下称谓的 UV 灯即指 365nm 的高压汞灯）。

（3）辐射能量（或 UV 能量） 辐射能量表示到达产品表面单位面积的光子总量（而辐射强度则是到达的速率），用 MJ/cm^2 表示。

（4）红外辐射 红外辐射主要是由 UV 光源发射出来的红外能量，红外能量和 UV 能量一起被收集并聚焦在工作表层。

光电源控制装置是由漏磁升压性变压器、电容器及控制装置组成。反射装置是由反光罩、反光片、灯箱三部分组成。

加装反射灯罩可充分利用 UV 灯的强度到固化物件表面，反射罩的反光效果，直接影响产品的质量，反射罩内部加装进口铝合金全镜面反光片，比普通反光片反光效果要提高 30% ~40%，能将 UV 灯 90% 以上的 UV 光反射到产品表面，提高工作效率。

（三）冷却系统

冷却系统由风机、风道和水循环冷却系统组成。

一般冷却方式有：风冷却，这种方法是现今应用最多的方法，成本较低；水冷却，在灯管外加装水套，该方法效果好，但成本较高；加装光学片，将红外辐射与固化物隔离，适用于易变形产品。图 9 – 31 所示为侧边冷却系统电机。图 9 – 32 为控制面板，图 9 – 33 为设备工作过程。

图 9 – 31　侧边冷却系统电机

图 9 – 32　控制面板

图 9 – 33　设备工作过程

（四）其他设备

形成自动生产线的其他一些设备有腻子机、干燥机、毛刷机、输送机等。如图 9 – 34 至图 9 – 43 所示。

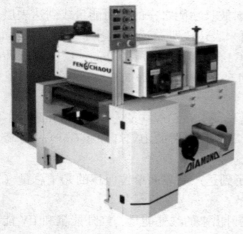

图 9 – 34　腻子机

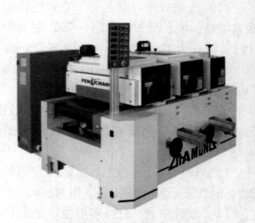

图 9 – 35　重型腻子机

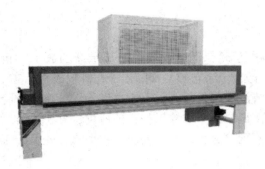

图 9 – 36　喷射式干燥机

图 9 – 37　红外线加热流平机

图 9 – 38　热风干燥机

图 9 – 39　毛刷机

图 9 – 40　粉尘清除机

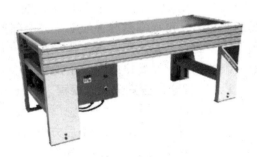

图 9 – 41　皮带输送机

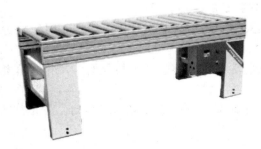

图 9 – 42　辊筒输送机

图 9 – 43　U 型输送机

（五）设备调整

1. 涂布机调整

（1）升降系统调整　调整时，旋转涂布辊调整手轮，同时观察数字显示器的数字（机械或者数显）变化情况，调整涂布辊的升降，使上辊（涂布辊）、下辊（进料辊或进给带）之间的距离刚好等于被涂饰工件的厚度，然后将待涂漆工件放入上下辊之间，继续调整升降手轮，到略有压紧的感觉，这时上下辊之间的距离调略小于被涂饰板件的厚度，开机进行试件加工，依据试件涂布效果，再进行微量调整，直到符合生产加工要求。一般涂布辊低于工件 $0.2 \sim 0.4$ mm。

（2）涂布量调整　涂布量主要取决于以下几个因素：涂布辊（胶辊）与定量辊（钢辊，也叫计量辊）的间隙，间隙越大，涂层越厚；涂布辊对工件的压紧程度，压力越大，涂层越薄；进料速度，在涂布辊转速不变的情况下，进料速度越快，涂层越薄；涂布辊的转速（一般涂布辊速度为 $10 \sim 20$ m/min，定量辊速度为 $2 \sim 4$ m/min），在进料速度不变的情况下，涂布辊转速越高，涂层越厚。实践中，最常用到的调整是涂布辊与定量辊间隙的调整，即转动调整手轮调整两辊之间的间隙，常在两辊之间放一张 A4 打印纸，使两辊间隙达到刚刚夹持住打印纸不会掉落，同时如用手稍微用力可抽出为宜，经过试涂依据样板的涂漆量适当调整手轮，确定最终的涂布量。

（3）进给速度调整　调整控制面板上的调速钮来控制进给速度，一般常用速度为进给速度 $10 \sim 20$ m/min。

2. UV 干燥机调整

（1）灯光照度调整　固化机属于高压汞灯，在 $3 \sim 5$ s 内，可以将漆膜固化到实干的程度。干燥机的调整就是光照度的调整，灯与工件之间的距离在设备出厂前就已经调整好（不低于 10cm），一般不需要再调整。

（2）开灯数量调整　在辊涂生产线上干燥机内一般有 $1 \sim 3$ 排紫外线固化灯，在进行漆膜的硬化时，可根据需要，或部分或全部打开灯光，以达到固化要求为准。干燥机的箱体必须保持密封，禁止人眼直视，避免灼伤（注：这种灯光对人眼的伤害作用相当于电焊弧光对人眼的伤害，需要格外引起重视）。

（六）辊涂设备安全操作规程

1. 涂布机安全操作规程

（1）操作人员须培训合格后方可上岗，严禁非本机操作员操作本机器；

（2）禁止穿高跟鞋或拖鞋操作；

（3）生产线运转中，操作工不允许离岗；

（4）启用与清洗设备时，严禁操作者用手解除转动的漆辊；

（5）在手工清洗辊子时，机器处于停止状态，用点动转动辊子进行清洗，时刻注意安全；

（6）每次作业完毕，要对辊子机器进行彻底清洗；在用溶剂清洗机器时，严格遵守相关易燃、易爆危险品管理制度；

（7）生产过程中如遇午休等情况，必须保证设备涂布辊与定量辊继续转动，防止其产生压痕；

（8）发现异常情况，必须及时停车处理；

（9）禁止涂饰长度小于 200mm 的工件；

（10）生产线上某台设备发生故障，应停止故障设备，并对所有设备进行检查处理。

2．UV 干燥机安全操作规程

（1）非本机操作者禁止操作和调整本机；

（2）操作人员应佩戴防紫外线护目镜和防毒口罩；

（3）禁止将紫外灯的灯具与工件的距离调低到 10cm 以内；

（4）开灯时，严禁任何人直接观察灯光；

（5）开灯时，禁止打开机器上的灯盖，防止灯光外泄伤人；

（6）有故障必须停线、停机、关灯进行检查处理；

（7）换电容时，一定要关闭电源注意放点；

（8）更换灯具时应关闭电源，注意避免灯具烫伤人体。

四、任 务 实 施

（1）检查 UV 灯及反光罩是否干净，有灰尘时要及时用干净棉纱沾无水酒精擦洗灯管及灯罩表面；

（2）接通电源，试运转机器，检查各传动部分是否正常，检查各安全装置是否灵敏可靠；

（3）检查各个辊子是否有损伤，辊子上面是否贴有异物和灰尘，在运转机器之前必须保证各辊子完好，各辊子之间无任何异物灰尘；清理输送通道内的异物灰尘；

（4）根据工艺要求及板件厚度调节好定量辊与涂布辊间隙，确保涂布量为 $25g/m^2$，调整进给辊筒速度为 15m/min，调整涂布辊速度为输送速度 15m/min，调整辊子最下位应低于板件 0.3mm；

（5）检查各部分有无安全问题，如无问题开启设备，使涂布辊与定量辊开始转动；

（6）打开供漆管路阀门，调整压缩空气压力为 0.2~0.3MPa，开启隔膜泵上漆；

（7）开启干燥机电源；

（8）UV 灯开灯时应顺次开灯，每支灯间隔 1min 左右，不要同时打开；

（9）开灯后不能立即投入生产，要有一段灯管预热时间，夏季温度高时，预热时间短；冬季温度低时，预热时间长些，预热时间要 2~3min；如果 UV 机有强弱光装置，应在强光档启动开灯，这样可以缩短灯管预热时间，若生产时需要弱光，可在预热结束后调至弱光档；

（10）调整 UV 干燥机进给为 15m/min；

（11）待全部调整结束，达到施工基本条件后，进行试涂件加工，完成后对其进行检验，进行相对微调，合格后方可进行批量加工；

（12）全部产品加工结束后，关闭干燥机 UV 灯，使风机继续运转一段时间，直至灯管冷却为止方可关闭设备电源；

（13）关闭辊涂机电源，回收油漆，清洗涂布头及设备，清洗好后分开涂布辊与定量辊，抬起刮刀，盖好机箱盖防止灰尘进入；

（14）清理打扫工作场地卫生。

五、知 识 拓 展

(一) 涂布机

涂布机常产生的异常情况见表9-3、表9-4和表9-5。

表9-3   设备不正常现象

现象	原因	解决方法
设备无法正常运转	保险丝烧毁	找出产生原因并更换保险丝
	急停开关复位	顺时针方向旋转急停开关进行复位
	超负荷导致空气开关断开	重新启动设备
	碰触到安全开关	移动安全开关复位
	电源指示灯亮但无法启动	缺相,将电源线三根中的任意两根对换

表9-4   生产过程中异常现象

现象	原因	解决方法
工件后端倒漆	涂布辊转动速度快于进给速度	调整进给速度与涂布辊速度同步
工件前端倒漆	涂布辊转动速度慢于进给速度	
工件两边漆膜厚度不同	涂布辊与定量辊不平行	调整定量辊
	涂布辊与工作台面不平行	调整涂布辊
工件表面有漆点	涂布辊与定量辊之间有杂物	清理涂布辊与定量辊
	涂布辊有破损	更换涂布辊
	定量辊有破损	更换定量辊
工件表面有横向波纹	涂布辊表面有接头印	更换涂布辊
	涂布辊表面有凹陷	
	涂布辊与定量辊轴承松动	调整轴承
	涂布辊传动减速机有损坏	更换减速机

表9-5   漆泵异常现象

现象	原因	解决方法
漆泵不转动	漆泵进出口堵塞	将泵站进出口管路拆下清除堵塞
	空气压力过小	检查空气管路配件是否畅通,空气压力或空气流量是否比出气口压力高或配件损坏
	涂料沉淀硬化	检查泵站内部,若有沉淀硬化或硬粉,将其清除并重新组装泵站调试
	隔膜破裂	当出入口管路有大量空气排出或排气孔有大量涂料排出时,拆开泵站更换隔膜
	顶针阀组损坏	更换顶针阀组

(二) UV 固化机

UV 固化机常见问题见表9-6。

表 9－6 UV 固化机异常现象及解决办法

现象	产生原因	解决方法
UV 灯管产生雾状	石英管材的问题，即脱羟不好	更换 UV 灯管
	在生产过程中排气不好	
	充进的气体纯度不够	
	涂料的气体挥发物附着在管壁上	可定期用酒精等溶剂擦拭
UV 灯变形	温度过高：轻微变形不影响正常使用，但寿命会缩短很多，严重变形会使灯管某侧管壁变薄而破裂	检查风机是否损坏或是排风管道过长造成排风不畅
UV 灯管内晶体吸附	UV 灯制作过程中，石英管材清洗不干净，有杂质	更换 UV 灯管
UV 灯管变形成泡状、爆裂	局部温度过高或是石英管壁局部过薄造成	更换 UV 灯管，检查排风系统是否通畅
UV 灯管金属头熔化烧坏	金属灯架时间久了，铜架氧化，局部接触不良造成电流过大，打火造成熔化	更换老化灯架
	新灯熔化是因为 UV 灯金属头与灯架接触不良，虚接造成打火熔化	检查灯架的铜接点是否氧化，检查弹簧是否有弹力
UV 灯管使用几小时就不能点亮（灯完好无损）	如果是金属卤素灯是因为卤化物配比度不合适，或是变压器输出过低，或是灯的管压过高。如果是水银灯可能是电极原因或是灯管的内在质量问题或是灯已漏气	更换灯管
UV 灯两端发黑	电极粉剥落，附着在管壁上，是正常现象，100～200h，就出现这种情况就不正常了	依据实际情况进行更换
UV 灯在使用中突然爆裂	电流过大（如电容线路短路）	更换灯管，检查设备
	吸风时有脏东西打在管壁上	
	电极钼铂等封接不良	
UV 灯在使用过程中总是压降、不能回升	排风过大	检查排风系统、电控系统
	冷端电极温度上不来	
	变压器、电容器和灯管的电参数不匹配	
	网络电压过低造成变压器输出电压过低	
UV 灯使用 300～500h 后，在管壁就出现像手纹一样的花纹	安装时用手摸过灯管壁会用成这种现象	不影响使用，不用更换
	壁内侧有则是做灯时石英管清洗不够干净	
UV 灯管电流、电压均正常，但发光不正常，暗淡呈绿黄色	灯管功率参数不对	更换灯管或变压器
	灯管有慢漏现象	
	灯管在制作时排气不净	
	变压器配小了	

续表

现象	产生原因	解决方法
UV 灯管第一次能点亮且正常关闭，但以后再也点不亮	如果电容器、变压器均为完好，且线路畅通，没有接触不良现象（灯管两端有电压）的情况下，就是灯管自身问题，一般是电极出现问题或是灯已漏气	更换灯管，检查电控系统

六、作业与思考

1. 对 600mm×90mm×18mm 实木地板进行底漆涂饰，应如何进行设备调整？
2. 面漆涂饰过程中，发现进料的后端头产生堆漆是什么原因？
3. 涂饰的地板表面不光滑，产生花脸，是什么原因造成的？

模块十 数控设备简介

任务1 数控雕刻机的调试与操作

一、学 习 目 标

（一）知识目标

1. 了解数控雕刻机的常见类型和基本结构；
2. 掌握数控雕刻机的一般操作程序、维护与保养方法。

（二）能力目标

1. 能进行数控雕刻机的简单雕刻操作；
2. 能进行数控雕刻机的简单故障处理。

二、任 务 描 述

某工厂依据生产任务进行雕刻柜门的加工，依据生产工艺卡片进行生产加工，工艺卡片如图10-1所示。

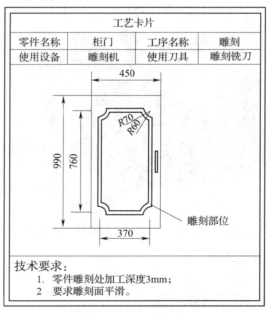

图 10-1 工艺卡片

三、相 关 知 识

（一）数控雕刻机的类型与结构

1. 数控雕刻机的类型

目前市场上常见的数控雕刻机按刀头的数量分为单刀头、双刀头和多刀头数控雕刻机；

按刀轴的方向分为垂直刀轴和水平刀轴数控雕刻机；按工作台固定被加工零件的方式分为机械夹紧和吸附固定数控雕刻机；按雕刻方式分为平面雕刻和立体雕刻数控雕刻机；按换刀方式分为自动换刀和手动换刀数控雕刻机。图 10－2 所示为多刀轴数控雕刻机，图 10－3 所示为立体数控雕刻机。

图 10－2　多刀轴数控雕刻机　　　　　　　图 10－3　立体数控雕刻机

2．数控雕刻机的基本结构

数控雕刻机的基本结构见图 10－4。

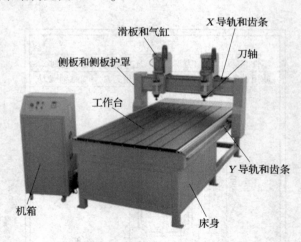

图 10－4　双轴数控雕刻机

（二）机床各组成部分的作用

（1）床身　起支撑作用；

（2）工作台　用于被加工零件的固定；

（3）滑板和气缸　控制刀头 Z 向移动；

（4）X 导轨和齿条　控制刀头 X 向移动；

（5）Y 导轨和齿条　控制刀头 Y 向移动；

（6）侧板和侧板护罩　起支撑和防护作用；

（7）机箱　操作和控制；

（8）润滑系统　移动部分润滑。

（三）雕刻机的主要技术参数

以 K45MT－DY 异步系列机型为例，见表 10－1。

表 10－1　　　　　　　　K45MT－DY 异步系列雕刻机主要技术参数

工作台面积	1380mm×3000mm
工作行程	1300mm×2500mm
重复定位精度	±0.02mm
系统分辨率	±0.025mm
主轴功率	4.5kW
主轴转速	6000～24000r/min
空运行速度	35m/min
最大加工速度	15m/min
龙门高度	200mm
工作电压	AC380V/50Hz
运行指令	HPGL G 代码

（四）雕刻机维护与保养

1. 保养的原则和要求

（1）为了保证设备处于良好的技术状态，随时可以投入运行，减少故障停机日，提高设备完好率、利用率、减少机械磨损、延长设备使用寿命、降低设备运行和维修成本、确保安全生产，必须强化对设备的维护保养工作；

（2）设备保养必须贯彻"养修并重、预防为主"的原则，做到定期保养强制进行，正确处理使用、保养和修理的关系；不允许只用不养，只修不养；

（3）按设备保养规程、保养类别做好各类机械的保养工作，不得无故拖延；特殊情况须分管专工批准后方可延期保养，但一般不得超过规定保养期间的一半；

（4）保养设备要保证质量，按规定项目和要求逐项进行，不得漏保或不保。

2. 保养作业的实施

（1）设备保养坚持以"清洁、润滑、调整、紧固、防腐"为主要内容的十字作业法，实行例行保养和定期保养制，严格按使用说明书规定的周期及检查保养项目进行；

（2）例行保养是在设备运行的前后及过程中进行的清洁和检查，主要检查要害、易损零部件（如设备安全罩）的情况，冷却液、润滑剂、指示灯等，例行保养由操作人员自行完成；

（3）一级保养　普遍进行清洁、紧固和润滑作业，并部分地进行调整作业，维护机械的完好技术状况；

（4）二级保养　包括一级保养的所有内容，以检查、调整为中心，保持设备各总成、机构、零件具有良好的工作性能；

（5）换季保养　主要内容是更换适用季节的润滑油，采取防冻措施，增加防冻设施等；

（6）走合期保养　新设备及大修竣工设备走合期结束后必须进行走合期保养，主要内容是清洗、紧固调整和更换润滑油；

（7）转移保养　设备转移工地前应进行转移保养，作业内容可根据机械的技术状况进行保养，必要时进行防腐；

（8）停放保养　停用及封存设备应进行保养，主要是清洁、防腐、防潮等维护；

（9）其他保养　如灰尘太大以及工作现场的安全、刀具及螺丝松紧、通风等。

（五）数控雕刻机安全操作规程

1. 数控雕刻机安全操作基本注意事项

（1）操作数控雕刻机机床工作时不允许戴手套；

（2）不要移动或损坏安装在机床上的警告标牌；

（3）注意不要在机床周围放置障碍物，工作空间应足够大；

（4）某一项工作如需要两人或多人共同完成时，应注意相互间的协调一致；

（5）不允许采用压缩空气清洗机床、电气柜及 NC 单元。

2. 数控雕刻机工作前的准备工作

（1）数控雕刻机床开始工作前要有预热，认真检查润滑系统工作是否正常，如机床长时间未开动，可先采用手动方式向各部分供油润滑；

（2）使用的刀具应与机床允许的规格相符，有严重破损的刀具要及时更换；

（3）调整刀具所用工具不要遗忘在机床内；

（4）刀具安装好后应进行一两次试切削；

（5）检查卡盘夹紧工作的状态。

3. 数控雕刻机工作过程中的安全注意事项

（1）禁止用手接触刀尖和铁屑，铁屑必须要用铁钩子或毛刷来清理；

（2）禁止用手或其他任何方式接触正在旋转的主轴、工件或其他运动部位；

（3）禁止加工过程中测量工件、变速，更不能用棉丝擦拭工件，也不能清扫机床；

（4）机床运转中，操作者不得离开岗位，机床发现异常现象立即停车；

（5）经常检查轴承温度，过高时应找有关人员进行检查；

（6）严格遵守岗位责任制，机床由专人使用。

4. 数控雕刻机工作完成后的注意事项

（1）清除切屑、擦拭机床，保持机床与环境清洁状态；

（2）检查润滑油、冷却液的状态，及时添加或更换；

（3）依次关掉数控雕刻机床操作面板上的电源和总电源。

四、任 务 实 施

（1）设备选用，由于是教学实训，可使用单轴数控雕刻机（也可以用多轴雕刻机而使用一个刀轴）；

（2）准备好加工件；

（3）检查设备，确认状态完好；

（4）将按工艺卡设计好的加工程序输入电脑；

（5）将被加工件固定在工作台上；

（6）确定加工原点；

（7）开机加工；

（8）对加工好的工件进行质量检查；

（9）加工结束。

五、知 识 拓 展

雕刻机设备简单故障的处理：

（1）雕刻机的一轴或三轴不走动或走动不正常

① 控制卡松动或故障；② 相对应的轴的驱动器的故障；③ 相对应的轴的步进电机的故障；④ 相对应的联轴器或皮带断裂或松动；⑤ 相对应的丝杠断裂或丝杠螺母出现故障；⑥ 相对应的轴的滑块出现故障；⑦ 驱动器细分数、电流与软件中设置不一样。

（2）雕刻机 Z 轴失控

① 控制卡松动或故障；② 静电干扰；③ Z 轴步进电机线故障；④ 文件路径有误；⑤ 变频器干扰；⑥ 电脑系统有问题或有病毒；⑦ 操作失误。

（3）加工错误

① 控制卡松动或故障；② 驱动器故障；③ 步进电机故障；④ 静电干扰；⑤ 马达线故障；⑥ 数据线故障；⑦ 路径有误；⑧ 联轴器、皮带断裂或松动；⑨ 加工速度太快；⑩ 电脑系统问题或有病毒。

（4）雕刻深浅不一

① 控制卡松动或故障；② 步进电机故障；③ 驱动器故障或电流细分与软件设置不一致；④ Z 轴马达线故障；⑤ 主轴电机故障；⑥ 变频器干扰或静电干扰；⑦ 参数设置有误；⑧ 电脑系统有问题或有病毒。

（5）乱刻

① 控制卡故障；② 变频器干扰；③ 文件路径有误；④ 静电干扰；⑤ 软件设置有问题；⑥ 驱动器故障或电流细分设置有误；⑦ 数据线故障；⑧ 电脑系统有问题或有病毒。

（6）雕刻机铣底不平

① 主轴与台面不垂直，需校正；② 刀具有问题；③ 控制卡有问题。

（7）雕刻机不能正常回机械原点

① 回零方向参数设置有误；② 控制卡故障或松动；③ 限位开关或数据线故障；④ 驱动器故障；⑤ 步进电机故障。

（8）（XYZ）超行程极限

① XYZ 软件限位设置是否太小；② 文件内各轴坐标值超过手柄参数设定值；③ 工作原点设置是否正确；④ 文件方向是否正确；⑤ 手柄参数丢失，重新恢复参数。

（9）加工尺寸与设计尺寸不符

① 脉冲当量错误；② 细分错误；③ 文件刀具路径设置错误；④ 齿条、齿轴间隙过大。

（10）运行文件时找不到文件

① U 盘不支持在手柄上读写；② 查看下载文件格式是否正确；③ 手柄文件是否够多。

（11）机器断电后 Z 轴向下降落

① 丝杠锁紧螺丝过松；② 同步带过松；③ 丝杠是否损坏。

（12）回零撞车

① 回零感应开关与限位铁片距离是否超出 3mm 的工作范围；② 数据线没插好；③ 用金属物品接近回零开关感应灯是否亮，判断感应开关是否损坏。

（13）真空泵吸力不足

① 检查真空泵水位是否低于循环管道；② 真空泵过滤网是否堵塞；③ 真空管道有无断

裂或脱落；④ 真空泵的工作电压是否正常。

（14） 主轴不转

① 主轴上连接插头是否插好；② 主轴是否缺相；③ 变频器输入线是否脱落；④ 通过变频器面板上报警信息查找相应故障。

（15） 主轴冷却系统不工作

① 是否打开机柜开关；② 水管是否堵塞；③ 主轴内是否有杂物。

六、作业与思考

1. 数控雕刻机通常由哪几部分组成？各部分的作用是什么？
2. 数控雕刻机有哪些类型？
3. 数控雕刻机有哪些常见故障？怎样解决？

任务2　数控木工机械与加工中心简介

一、学 习 目 标

知识目标

1. 了解数控木工机械与加工中心的组成及结构特点；
2. 掌握数控木工机械与加工中心的工作原理。

二、相 关 知 识

（一）数控机床的组成及结构特点

计算机数字控制（Computer Numerical Control，CNC）是指用数字化信号对机床运动及其加工过程进行控制的一种方法。

数控加工中心是技术密集型及自动化程度很高的机电一体加工设备，是一种备有刀库并能自动更换刀具，集锯切、刨削、钻孔、铣型、砂光、封边、镶边等工序为一体，在一次定基准后，由计算机数字控制，完成多项加工的全自动、高效率的现代家具数控制造设备，又称自动换刀数控机床。

数控机床主要由机床本体和计算机数控系统两大部分组成，如图10－5所示。

1. 机床本体

机床本体是数控机床的主体，

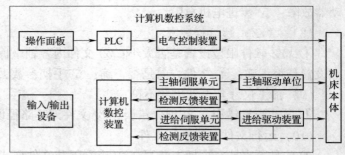

图10－5　数控机床内计算机数控系统工作原理示意图

由基础件（如床身、底座）和运动件（如工作台、床鞍、主轴箱等）组成。它不仅要实现由数控装置控制的各种运动，而且还要承受包括切削力在内的各种力的作用，因此机床本体必须保证有良好的几何精度、足够的刚度、小的热变形、低的摩擦阻力，才能有效地保证数控机床的加工精度。

2. 数控系统

数控系统是数控机床的核心，其中包括硬件装置和数控软件两大部分，由输入/输出设备、数控装置、伺服单元、驱动装置（或执行机构）、可编程控制器（PLC）及电气控制装置和检测反馈装置等组成。

3. 数控机床的工作原理

数控机床加工工件的基本过程如图 10-6 所示。

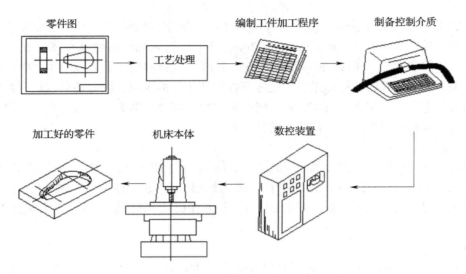

图 10-6　数控机床加工工件的基本过程

由图 10-6 可知，数控机床的加工过程，就是将加工零件的几何信息和工艺信息编制成程序，由输入部分送入计算机，经过计算机的处理、运算，按各坐标轴的分量送到各轴的驱动电路，经过转换、放大去驱动伺服电动机，带动各轴运动，并进行反馈控制，使各轴精确走到要求的位置。如此继续下去，各个运动协调进行，实现刀具与工件的相对运动，直至加工完零件的全部轮廓。

（二）数控（CNC）机床与加工中心的基本功能及应用

全世界最先进的现代家具制造设备主要由德国和意大利设计制造，其中以德国设备最为精良。图 10-7 是德国豪迈（HOMAG）集团的 CNC 加工中心的局部外形图，现以其为例说明 CNC 加工中心的基本功能及应用。

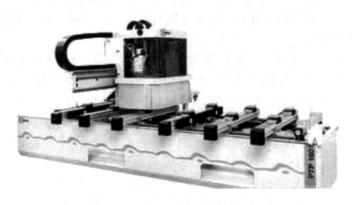

图 10-7　德国豪迈 CNC 加工中心

1. 锯切

CNC 加工中心的主轴可以安装专用锯片，由计算机控制的锯片可以完成实木的锯切、人造板的裁板以及开槽等功能，其锯切方向可以设置为垂直、水平或其他任意倾斜的加工角度。CNC 加工中心的这些功能主要用于板式部件的各种裁板和开槽加工。

2. 钻孔

CNC 加工中心有垂直单排、"L"字形或"T"字形布置的钻座，另外还可配置水平钻座，主要用于板式零部件 25mm、30mm、32mm、50mm 系列孔距的钻孔要求。在主轴上还可以安装水平的"十"字形钻座，采用"十"字形钻座钻孔时，孔位加工可以非常灵活，既可以用于实木零部件的钻孔加工，不受零部件钻孔角度的限制，同时还可以进行侧面铣型加工。三头水平钻主要用来满足 32mm 系列钻孔的加工需要，单头水平钻主要用于锁眼孔的加工，单头垂直底钻主要用于工件背面的钻孔加工。

3. 铣型

铣型是 CNC 加工中心的主要工作，几乎任何一类 CNC 加工中心都具有铣型的功能，由于铣刀的种类较多，CNC 加工中心的主轴可以配备各种形式的铣刀，铣削的位置也可以是多方位的。CNC 加工中心的铣型功能有板式部件的铣型，也有实木零部件的铣型。

4. 砂光

CNC 加工中心的砂光轴主要是对零部件的边部进行砂光，如需对表面进行砂光，须配有专门的砂光装置。

5. 封边

CNC 加工中心的封边装置可以像普通的自动直曲线封边机那样，完成直线封边、曲线封边、齐端修边、铲边和跟踪修圆角等功能，其封边使用的胶种主要是热熔胶。

6. 镶边

CNC 加工中心可以配备镶边装置，镶边条一般采用"T"字形且带有倒刺的塑料镶边条。工件的边部首先由 CNC 加工中心铣边或锯开水平槽，然后采用镶边配套装置完成镶边工作。

7. 刨削

在 CNC 加工中心的加工中，刨削主要是发挥类似平刨床的加工特性，用来加工实木工件的基准面或边，刨刀是专用刀具，同时也可以根据需要，采用不同类型的刨刀。

8. 工件的定位和夹紧

CNC 加工中心加工工件时，主要是利用定位销来完成定位，然后采用独立的真空吸盘来实现夹紧。根据工件加工时切削力的大小来确定吸盘的位置和个数，或者由 CNC 加工中心自动给出吸盘的位置和个数，通过激光投影显示在 CNC 加工中心的工作台上。

9. 自动换刀

CNC 加工中心设有单主轴头和多主轴头。单主轴头更换刀具时，CNC 加工中心必须配有多刀位的换刀盘（刀具库），为了提高生产效率，一般需采用 12 个或 18 个刀位的换刀盘。CNC 加工中心根据零部件加工的需要，主轴会自动去刀具库挑选刀具并自动更换。多主轴头一般是在各个主轴头上事先配备加工时所需的刀具，CNC 加工中心根据零部件加工的需要，自动挑选主轴及主轴上的刀具，实现自动加工的目的。

（三） 数控机床的使用与维护

坚持做好数控机床的日常保养工作，可以有效地提高元器件的使用寿命，延长机械零部件的磨损周期，避免产生或及时消除事故隐患，使机床保持良好的运行状况。不同型号数控机床的日常保养内容和要求各不相同，对于具体机床可以按照说明书的具体要求进行保养，数控机床基本上都包括下述几个方面的维修保养内容：

（1）保持良好的润滑状态，要定期检查、清洗自动润滑系统，及时添加或更换油液油脂，使主轴、丝杠和导轨等各运动部位始终保持良好润滑状态，以减缓机械磨损速度；

（2）机械精度的检查调整，保持各运动部件之间的形状和位置偏差在允许范围内，其中包括对换刀系统、工作台交换系统、丝杠反向间隙等的检查与调整；

（3）对直流电动机电刷的检查、清扫和更换，以及对各插接件有无松动的检查等；

（4）机床和环境清洁卫生，如果数控机床的使用环境不好，会直接影响到机床的正常运行；如果纸带阅读机感光元件受粉尘污染，就有可能产生读数错误；电路板太脏，可能产生短路故障；液体过滤器、空气过滤网太脏，会出现压力不足、散热不好并造成故障，因此必须定期进行维护保养工作；

（5）要制定机床日常维修保养制度，设备主管要定期检查制度的执行情况，以确保机床始终处于良好的运行状况，避免重大设备事故的发生。

（四） 数控机床的常见故障现象的产生原因与排除

1. 数控系统常见故障分析

（1）数控系统电源接通后 CRT 无辉度或无任何画面

①与 CRT 单元有关的电缆连接不良，应对电缆重新检查、连接一次；

②检查 CRT 单元的输入电压是否正常，在检查前应先搞清楚 CRT 所用的电源是直流还是交流，电压多大；

③由于 CRT 本身的故障造成；

④可以用示波器检查是否有 VIDEO（视频）信号输入，如没有，则故障出在 CRT 接口印制线路板上或主控制线路板上；

⑤数控系统的主控制印制线路板上如有报警显示，也可以影响 CRT 显示。

（2）CRT 无显示而且机床不能动作 出现这类故障的最大可能是因为主控制印制线路板或存储系统控制软件的 ROM 板不良。

（3）CRT 无显示但机床仍能正常工作 这种现象说明数控系统的核心控制部分仍能正常地进行插补运算以及伺服控制等，只是显示部分或 CRT 控制部分出了故障，排除有关部分故障后，一般即有显示。

（4）机床不能动作 从数控系统来说，引起这类故障的原因可以分成两类：系统处于不正常的状态（如系统处于报警状态、紧急停止状态或是数控系统的复位按钮处于被接通的状态）和设定错误。例如将进给速度设定为零值，再如将机床设定为锁住状态，此时运行程序虽然在 CRT 上有位置坐标值显示的变化，但机床却不能运转。

（5）数控系统出现"NOT READY"的显示 数控系统一接通电源就出现"NOT READY"的显示，过几秒钟就自动切断电源，有时数控系统接通电源后显示正常，但在运行程序的中途突然在 CRT 画面出现"NOT READY"，随后电源被切断。造成这类故障的一个原因是 PLC 有故障，这可以通过查 PLC 的参数及梯图来发现。

（6）运行宏程序出现报警 当数控系统进入用户宏程序时出现超程报警或显示

"PROGRAM STOP",但数控系统一旦退出用户宏程序运行,则数控系统运行很正常,这类故障多出在用户宏程序。如操作人员错按"RESET"按钮,就会造成宏程序的混乱。此时可采取全部清除数控系统的内存,重新输入 CNC 和 PLC 的参数、宏程序变量、刀具编号及设定值等来恢复数控系统。

(7) 机床不能正常地返回参考点

① 机床不能正常地返回参考点,且有报警产生。发生此故障的原因有:

a. 脉冲编码器的一转信号没有输入到主控制印制线路板,如脉冲编码器断线或脉冲编码器的连接电缆和接头断线等均可引起此故障;

b. 返回参考点时的机床位置距参考点太近也会产生此报警。

② 返回参考点过程中,数控系统突然变成"NOT READY"状态,但 CRT 画面却无任何报警发生。这种情况多为返回参考点用的减速开关失灵,开关触头压下后复位所致。

(8) 手摇脉冲发生器不能工作

① 转动手摇脉冲发生器时 CRT 画面的位置显示发生变化,但机床不能运转。

先通过诊断功能检查系统是否处于机床锁住状态;如未锁住,则再由诊断功能确认伺服断开信号是否已被输入到数控系统中去;如果上述情况都不存在,则故障多是出在伺服系统。

② 转动手摇脉冲发生器时 CRT 画面的位置显示无变化,机床也不运转。

a. 通过参数检查数控系统是否带有手摇脉冲发生器这个功能;

b. 通过诊断功能检查机床锁住信号是否被输入;

c. 用诊断功能检查手摇脉冲发生器的方式选择信号是否已输入,检查主板是否报警;

d. 手摇发生器不良或手摇发生器接口板不良。

(9) 进给驱动系统故障　进给驱动系统的故障率占整个数控系统故障的 1/3,故障的反映形式大致可分为三种:利用软件的诊断程序在 CRT 上显示报警信息;利用速度控制单元上的硬件来显示报警;没有任何报警指示的故障。

① 软件报警形式:现代数控系统都具有对进给驱动进行监视、报警的能力。

a. 伺服进给出错报警:这类报警大多由速度控制单元方面的故障引起,或者因主控制印制线路板内位置控制或伺服信号有关部分的出现障。

b. 检测元件(测速发电机、旋转变压器或脉冲编码器)或检测信号方面引起的故障。

c. 过热报警:指伺服单元、变压器及伺服电动机过热引起的故障。

② 硬件报警形式:包括速度控制单元上的报警指示灯和熔丝熔断以及各种开关(保护用)断开等报警。

a. 高电压报警:输入交流电压超过额定值的 10% ;

b. 大电流报警:速度控制单元上的功率驱动元件损坏;

c. 电压过低报警:输入电压低于额定值的 85% 或电源接触不良;

d. 过载报警:机械负载不正常或速度控制单元上电动机电流的上限值设定太低;

e. 速度反馈断线报警:伺服电动机的速度或位置反馈不良或接触线接触不良;

f. 速度控制单元上的熔丝熔断或断路器断开:主要原因有速度或位置检测单元或电动机故障;

g. 保护开关动作:首先分清是何种保护开关动作,然后再采取相应措施予以解决。

③ 无故障显示报警:这类故障多以机床处于不正常运动状态的形式出现,但故障的根

源却在进给驱动系统。

  a. 机床失控：伺服电动机内检测元件故障；

  b. 机床振动：检测增益太高或参数设定错误；

  c. 工件圆柱度超差：定位精度太差或位置环增益调整不好；

  d. 机床过冲：参数快速移动时间常数设定太小或速度环增益设定太低。

  （10）主轴控制单元 和进给驱动一样，主轴驱动也分直流和交流两种。下面是目前应用较多的交流主轴驱动常见故障分析；

  ① 电动机过热

  a. 负载太大；

  b. 电动机冷却系统堵塞；

  c. 电动机的冷却风扇损坏；

  d. 电动机与控制单元之间接触不良。

  ② 交流输入电路的熔丝熔断

  a. 交流电源侧的阻抗太高；

  b. 交流电源输入处的浪涌吸收器损坏；

  c. 电源整流桥损坏；

  d. 逆变器用的晶体管模块损坏；

  e. 控制单元的印制线路板故障。

  ③ 再生回路用的熔丝熔断：主轴电动机的加减速频率太高引起；

  ④ 主轴电动机有异常噪声和振动：如在减速过程中，则检查再生回路的熔丝和晶体管；在恒速时，检查反馈电压是否正常；在停转过程中，故障多出在机械部分；

  ⑤ 电动机速度超过额定值

  a. 设定错误；

  b. 所用软件不对；

  c. 印制线路板故障。

  ⑥ 主轴电动机不转或达不到正常的转速

  a. 速度指令不正常；

  b. 主轴电动机不能启动，可能与主轴定向控制用的传感器安装不良有关。

  2. 数控机床常见机械故障现象的产生原因及排除方法

  （1）数控机床主运动机构常见机械故障现象的产生原因及排除方法如表 10 - 2 所示。

表 10 - 2   **主运动机构常见机械故障现象的产生原因及排除方法**

序号	故障现象	故障原因	排除方法
1	主轴发热	主轴前后轴承损伤或轴承不清洁	更坏损坏轴承、清除脏物
		主轴前端盖与主轴箱体压盖损伤	修磨主轴前端盖，使其压紧主轴前轴承，轴承与后端盖有 0.02 ~ 0.05mm 的间隙
		轴承润滑油脂耗尽或润滑油脂涂抹过多	涂抹润滑油脂，每个轴承涂抹量为 3mL

续表

序号	故障现象	故障原因	排除方法
2	主轴在强力切削时丢转或停转	主电动机与主轴连接带过松	张紧主动带
		带表面有油	用汽油清洗
		带使用过久而失效	更换带
		摩擦离合器调整过松或摩擦片磨损	调整摩擦离合器或更换摩擦片
3	主轴噪声	缺少润滑	保证每个轴承涂抹的润滑油脂量为3mL
		带轮传动平衡情况不佳	带轮上的动平衡块脱落，重新进行动平衡
		主传动带过紧	重新调节带的松紧
		齿轮啮合间隙不均匀或齿轮损坏	调整啮合间隙或更换齿轮
		传动齿轮损坏或传动轴弯曲	修复或更换轴承，校直传动轴
4	主轴没有润滑油循环或润滑不足	液压泵转向不正确或间隙太大	改变液压泵转向或修理液压泵
		吸油管没有插入油箱液油以下	将吸油管插入油面以下2/3处
		油管或滤油器堵塞	清理堵塞物
		润滑油压力不足	调整供油压力
5	润滑油泄漏	润滑油量过多	调整供油量
		检查各处密封件是否损坏	更换密封件
		管件损坏	更换管件
6	刀具不能夹紧	碟形弹簧位移量小	调整碟形弹簧行程长度
		检查刀具松夹刀弹簧上的螺母是否松动	顺时针旋转松夹刀弹簧上的螺母，使其最大工作载荷为13kN
7	刀具夹紧后不能松开	松夹刀弹簧压合过紧	逆时针旋转松夹刀弹簧上的螺母，使其不超过最大工作载荷
		液压缸压力和行程不够	调整液压压力和活塞行程开关位置

（2）自动换刀装置常见机械故障现象的产生原因及排除方法如表10-3所示。

表10-3 自动换刀装置常见机械故障现象的产生原因及排除方法

序号	故障现象	故障原因	排除方法
1	刀具从机械手中脱落	检查刀具质量	刀具质量不得超过规定值
		机械手卡紧销损坏或没有弹出来	更换卡紧销或弹簧

续表

序号	故障现象	故障原因	排除方法
2	刀具交换时掉刀	换刀时主轴没有回到换刀点或换刀点偏移	重新操作主轴箱运动，使其回到换刀点位置重新设定换刀点
		机械手抓刀时没到就开始拔刀	调整机械手臂，使手臂爪抓紧刀柄再拔刀
3	刀库中的刀套不能卡紧刀具	检查刀套上的调节螺母	顺时针旋转刀套两边的调整螺母，压紧弹簧，顶紧卡紧销
4	刀库不能转位	连接刀库电动机轴与蜗杆轴的联轴器松动	紧固联轴器上的螺钉
5	机械手换刀速度过快或过慢	以气动机械手为例，气压太大或太小，换刀气阀节流开太大或太小	调节气压大小和节流阀开口

参 考 文 献

[1] 侯铁民. 家具木工机械 [M]. 北京：中国轻工业出版社，2000

[2] 李黎. 家具及木工机械 [M]. 北京：中国林业出版社，2002

[3] 黄荣文. 木工机械 [M]. 北京：中国林业出版社，2007

[4] 于志明. 木材加工装备·人造板机械 [M]. 北京：中国林业出版社，2005

[5] 李黎. 木材加工装备：木工机械 [M]. 北京：中国林业出版社，2005

[6] 孟令联. 木材加工机械培训指南：现代木门生产工艺与设备 [M]. 北京：中国林业出版社，2009

[7] 吴金柱. 木工机械（木材加工专业）[M]. 北京：高等教育出版社，2002

[8] 郭明辉. 木工机械选用与维护 [M]. 北京：化学工业出版社，2013

[9] GB/T 12448—2010，木工机床型号编制方法 [S]，北京：中国标准出版社，2011

[10] GB/T 14384—2010，木工机床通用技术条件 [S]，北京：中国标准出版社，2011

[11] GB 12557—2010，木工机床安全通则 [S]，北京：中国标准出版社，2011

[12] GB 15606—2008，木工（材）车间安全生产通则 [S]，北京：中国标准出版社，2009

[13] GB/T 18514—2001，人造板机械安全通则 [S]，北京：中国标准出版社，2002

[14] GB 19999—2005，木工机床安全 四面铣床和四面刨床 [S]，北京：中国标准出版社，2006

[15] JB 3380—1999，木工平刨床安全 [S].